湖北省重点学科建设立项学科成果

科学人性论

丁长河 著

知识产权出版社
全国百佳图书出版单位

图书在版编目（CIP）数据

科学人性论 / 丁长河著. —北京：知识产权出版社，2019.9
ISBN 978-7-5130-6254-1

Ⅰ. ①科… Ⅱ. ①丁… Ⅲ. ①人性论 Ⅳ. ① B82-061

中国版本图书馆 CIP 数据核字（2019）第 089840 号

内容提要

"科学人性论"以科学尤其是研究复杂问题的当代系统科学为理论依据，通过揭示万物共性来揭示一般人性，并将"保留工具"和"艺术（想象力）的出现"分别看作人与动物以及智人与猿人的关键区别。作为一个符合"马赫思维经济原则"的理论，"科学人性论"还衍生出一系列思维成果：合理解决了"美和艺术是什么？"的难题，并提出了基于人性的艺术原理；厘清了最基本的文化以及公共文化服务最基本的内容；指出了当前中国基础教育的症结所在。此外，"科学人性论"还衍生出值得求证的系统稳态规律等理论构想。

责任编辑：彭喜英　　　　**责任印制：**孙婷婷

科学人性论

KEXUE RENXING LUN

丁长河　著

出版发行：	知识产权出版社有限责任公司	**网　　址：**	http://www.ipph.cn http://www.laichushu.com
电　　话：	010-82004826		
社　　址：	北京市海淀区气象路 50 号院	**邮　　编：**	100081
责编电话：	010-82000860 转 8539	**责编邮箱：**	pengxiying@cnipr.cn
发行电话：	010-82000860 转 8101	**发行传真：**	010-82000893
印　　刷：	北京中献拓方科技发展有限公司	**经　　销：**	各大网上书店、新华书店及相关专业书店
开　　本：	880mm × 1230mm　1/32	**印　　张：**	5
版　　次：	2019 年 9 月第 1 版	**印　　次：**	2019 年 9 月第 1 次印刷
字　　数：	116 千字	**定　　价：**	39.00 元

ISBN 978-7-5130-6254-1

序（献玉）

春秋时期，楚人卞和在荆山发现了一块玉璞，为献玉卞和经受了两代楚王的刖刑；后楚文王即位，卞和又抱玉泣于荆山下。卞和的执着没有白费，这块玉璞终成天下共传之宝，“和氏璧”连同“卞和献玉”的故事永载中华文明史册。无独有偶，2700多年后笔者又在荆山余脉的隆中发现了一块无形的美玉——科学人性论；笔者“献玉”的痛苦与坚毅虽不能与卞和相比，但此“玉”的价值无疑更甚于当年的和氏璧。

隆中因1800多年前诸葛孔明先生在此隐居和修炼而闻名于世；先生告诫的“淡泊明志、宁静致远”成为湖北文理学院（笔者生活和工作于此）的校训，恰是因为该校就坐落于隆中山下。也许是得益于隆中的自然与人文环境，笔者才幸运地发现了“科学人性论”。在发现此“玉”之前，笔者的专业及爱好是美术，忝为高校艺术教师。当时的笔者自认为“传道、授业、解惑”的能力不足，较为突出的是自己长期困惑也无法向学生解释清楚“美是什么？”以及“艺术是什么？”这两个艺术学科最基本的问题。好在除了美术爱好以外，笔者还有探赜索隐的癖好。正是这个癖好让笔者认识到，要解决

“艺术是什么?”就必须解决“美是什么?”的问题,而这两个问题的解决势必关涉到一个更为深刻的历史遗留难题——人性问题;也正是这个癖好让笔者在“淡泊宁静”的环境中找到了解决人性问题的法门,并最终得到一个符合马赫“思维经济原则”的关于人性的答案。

这里所说的“法门”就是科学,那些揭示物性的科学。笔者揭示人性的灵感源泉主要来自当代系统科学尤其是协同学(“科学人性论”由此得名);如果把“科学人性论”比作已经剖开并琢磨好的玉,那么系统科学及其协同学就是那块尚未剖开的玉璞。

笔者于21世纪初开始接触系统科学,2003年即通过示意图(见“论证篇”)的方式得到“科学人性论”(当时还没有“科学人性论”的名称)的雏形。自那一刻起,笔者前后经历了发现“美玉”的兴奋、“玉养人”的快乐和“献玉”的痛苦。相对于短暂的兴奋,长时间“玉养人”的快乐和“献玉”的痛苦更为刻骨铭心。

所谓“玉养人”,是指玉可以为其佩戴者带来好运和益处。在“献玉”之前,笔者是唯一的受益者,而且受益匪浅。且不说它修正了笔者处世为人的观念和态度,单说个人癖好就有三个主要收获:首先,以“科学人性论”为基础,合理解决了“美是什么?”和“艺术是什么?”的难题;其次,撰写出版第一本《素描原理》(此前只有《色彩原理》而没有直接以“原理”命名素描书籍）；最后，基于“科学人性论”，笔者第一次提出并论证“艺术是最基本的文化”，并提出了“以艺术为主体的本土文化是公共文化服务最基本的内容”[1]。能够解决难题并不断有新的发现，其中的快乐是不言而喻的，笔者“献玉”的信心和决心由此得以增强。

自得“玉”并确定其价值起，“献玉”就成为笔者生活的主旋律。为了“献玉”，笔者不得不放下画笔，开始出书、写文章、举办相关展览和讲座，不放弃任何一次推介“科学人性论”的机会。然而，多年的努力往好里说是收效甚微，往坏里说就是铩羽而归。“献玉”是痛苦的，苦在不被理解！也许不理解才是常态，因为“思想越深入，能够追随的人就越少，看起来就像几个痴人在说梦”[2]。也许“献玉”的方式、方法还存在问题，比如第八届中国艺术节前夕，笔者曾匆忙赶著《大艺术：追问人性·美·艺术之收获》，很多人以为它不过是关于艺术的专著。有鉴于此，本书直接以“科学人性论”为书名。全书的目的在于凸显“科学人性论”这块“玉”的质地成色与作用价值。因此，《科学人性论》的主要内容由“前提篇”“论

---

❶ 2009—2011 年，笔者主持完成文化部科技创新项目“襄阳市城乡一体化公共文化服务模式、方式和支撑技术的研究与实践”。“艺术是最基本的文化”以及“以艺术为主体的本土文化是公共文化服务最基本的内容”的命题，第一次出现在该项目的研究报告中。

❷ 邓晓芒．西方哲学探赜［M］．上海：上海文艺出版社，2014：前言 2．

证篇”和“验证篇”三个篇章体现。其中，“前提篇”是为“玉”的论证做澄清前提的准备；“论证篇”所要证明的是“科学人性论”这块“玉”的质地及成色；“验证篇”则用实际案例验证这块“玉”的作用及价值（所举案例囿于笔者的学识、经历和能力）。

科学只是帮助我们揭示人性的“法门”，人性问题终究属于哲学或人学范畴，理应由哲学家或人文社科专家来操心劳神。笔者似乎是“撞大运”，无意中成为发挥此项功能的“其他人”。然而，笔者骨子里爱艺术实践更甚于爱理论研究。或许是因“献玉”十多年没有全身心投入绘画，亦或许理论研究的种子经过生根、发芽、开花，必然要结出实践的果实，笔者渴望早日回归久违的绘画创作状态，根本不想成为“其他人”。

但愿这是最后一次献玉！

目录

前提篇

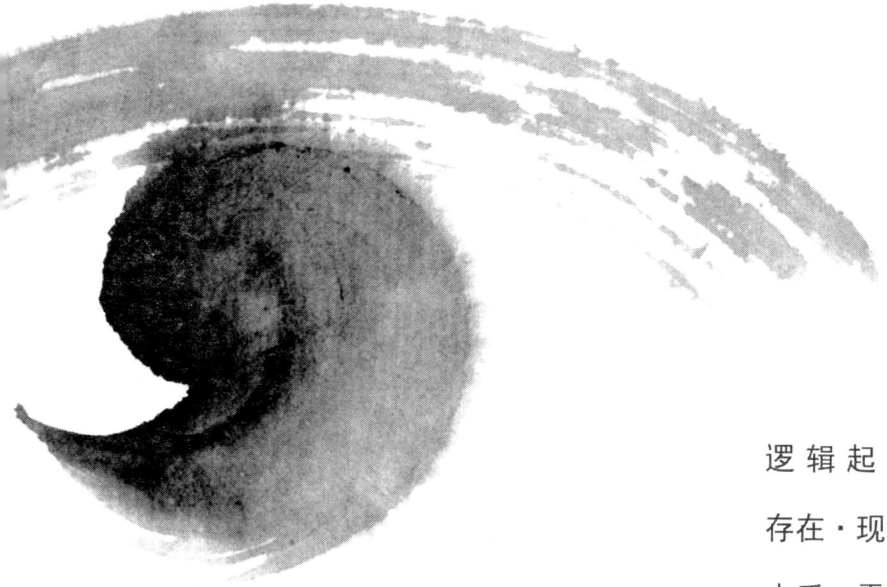

逻 辑 起 点

存在 · 现象

本质 · 需要

画家方法论

传统的理论不可能解决遗留至今的传统难题；思想的创新当从构成思想的逻辑起点开始。在澄清“科学人性论”前提的过程中，本篇将提供关于哲学基本问题的些许新解释，并推出新的方法论。

所有的学问都是在讲道理，无论科学、哲学还是神学都在探究或传播所谓正确的道理。然而，一切道理只有在适度的范围内才是正确的。本书所要讲的是关于人性的大道理，其正确性是有适用条件的；只有经过澄清前提和划定界限，才能确保本书的道理是合逻辑的正确判断。

逻辑起点

既然本书的人性论冠以科学之名，而科学又是该理论揭示人性的法门，那么澄清前提和划定界限当从科学开始。

这里所说的科学（Science）是滥觞于古希腊、勃兴于文艺复兴、鼎盛于19世纪至今的科学。我们处在一个科学的时代，科学往往与知识画等号，甚至成为衡量一门学问是否有意义的标准。按照《人类简史：从动物到上帝》的作者尤瓦尔·赫拉利（Yuval Harari）的说法，现代社会之所以还能够维系，原因之一就在于对科技和科学研究方法的信任，这几乎成了类似宗教的信仰，甚至在一定程度上也取代了对绝对真理的信念。[1]本书人性论冠名“科学”当然与此背景有关，但“科学人性论”的本意是“基于科学的人性论”。确切地说，“科学人性论”所基于的科学，主要是指那些已被科学共同体认可的、具备普遍性和必然性的自然科学和系统科学[2]，比

[1] 尤瓦尔·赫拉利. 人类简史：从动物到上帝［M］. 北京：中信出版社，2014：246.

[2] “系统科学”包括第二次世界大战后兴起的控制论、信息论、系统论，20世纪60年代后出现的耗散结构论、协同学、突变论、超循环论等自组织理论，以及80年代的混沌学等。这些科学有一些像维特根斯坦所说的“家族相似性”，但并没有一个通行的名称。人们从不同角度称它们是复杂性科学、非线性科学、整体性科学、系统性科学。

如宇宙大爆炸理论、进化论、量子理论、系统论、信息论、协同学等；并不包括那些尚未证明或证伪的诸如超弦、超膜、平行宇宙等理论或假说。

一个论证如果能以演绎论证的形式表达出来是最理想的，因为这种论证可以确保此论证的结论是真的。科学人性论的逻辑起点用演绎法表述如下。

前提一：科学可以揭示物性。

前提二：人是物。

结论：因此，科学可以帮助我们揭示人性。

在一个好的演绎论证中，正确的前提保证了正确的结论。科学虽非万能，但它是唯一帮助我们认识物质世界性质的学科。事实上，科学已经为我们揭示了“其大无外”的宇宙性质和“其小无内”的基本粒子性质；过去400年科学发展的惊人成就证明，科学是了解世界的最好方式。虽然科学没有给予我们关于人性的答案，但它明白无误地告诉我们，人是由最基本的物质演化而来的高等动物；而王东岳先生的《物演通论》又以自然科学为依据，为我们证明了所谓高等动物的“心”和“感知”以及“精神现象”，不过是物质理化状态的“感应”经由低等生物的“感性”、高等动物的“知性”发展而来，是物质固有属性及其递弱代偿现象[1]。这样看来，我们的逻辑起点或基本思路没有错。但问题是，既然人是物，为什么科学没有揭示此物的性质？

尽管现在的科学是一个很宽泛的概念（包括自然科学、社会科学，甚至包括哲学），然而从准确、可验证性并能达到普遍公认的角度讲，“科学”一词通常指的就是自然科学。自然科学尤其是19世

[1] 王东岳．物演通论：卷二［M］．北京：中信出版社，2015．

纪后的自然科学，其特点就是“分”——分科与分析，学科分为物理、化学、天文、地理、生物等；物理学按空间尺度分为量子物理学、经典物理学、宇宙物理学；物质分为分子，分子分为原子，原子分为电子和原子核，原子核分为质子和中子，进一步分为夸克和轻子。显然，把物细化分类进行研究的自然科学不能直接揭示人性，因为人是以往全部自然历史的产物，是迄今我们所能观察到的最复杂的物。诚如美国当代哲学家沃什博恩（Washburn）所言：“由于每个科学家只研究大自然的极小片段，所以没有人能看清大自然的整体，没有人被训练来探索大自然作为一个整体的模式，而这才是真正值得拥有的知识。”[1]正因为人是以往全部自然历史的产物，以上演绎法结论才有“科学可以帮助我们揭示人性”的表述；而最终揭示人性的任务只能交由高度综合其他科学的学科——哲学来完成。

科学曾经是哲学一个分支，古希腊甚至到牛顿时代的科学名称即“自然哲学”（如牛顿划时代的科学著作《自然哲学的数学原理》），所以西方有“哲学是科学之母”的说法。有趣的是，经过几百年的独立发展，当代科学又越来越具有哲学意味，出现了综合性、跨学科，试图揭示整个自然和生命属性与规律的科学——系统科学。然而，当代系统科学即便具有了哲学意味，它仍然没能揭示人性；离揭示人性问题仅一步之遥的当代系统科学，最终成为帮助“科学人性论”解决关键问题的理论基础。

与自然科学研究某个特定领域的规律或性质相反，哲学研究整个世界的一般规律或性质；也可以说，哲学所涉及的研究范围是其他学科的总和。哲学给出对世界本质的解释，人的本质或性质就包含其中。既然人性问题的研究属于哲学范畴，根据本书后续论证

[1] 沃什博恩．没有标准答案的哲学问题［M］．北京：新华出版社，2014：400.

的需要，接下来的澄清就应当涉及哲学的基本问题——存在及其本质。

存在·现象

存在（Being）一直是2500年来西方哲学中心的和主导的概念。按《哲学大辞典》的解释，“存在”有两种含义：

①源出拉丁语esse。与“思维”“意识”相对，是物质的同义语。指客观世界、物质、自然、人类社会的物质生活过程等独立于意识以外的客观存在，存在和意识的关系是哲学的基本问题。

②亦译“有”。源出拉丁语esse或ēns（拉丁语又源出希腊语to on或einai）。与“无”相对。是对无的否定。意指世界上的一切物质现象和精神现象。❶

第二种含义尤其是“意指世界上的一切物质现象和精神现象”的表述，实际上已经在存在与现象之间画上了等号。这正是本书所需要的或者说是笔者所理解的存在。这种理解是以人的存在为前提的，离开了人的感知和意识，我们是不能谈及或探讨存在的，而人所感知和意识到的一切无非是现象。然而，在传统的西方哲学（本体论）里，存在与现象是不能画等号的，比如，在柏拉图和黑格尔的哲学中就存在感性的世界和理性的世界。西方哲学中表象与概念的矛盾由此而来。感性的表象的世界属于现象，那么，理性的概念的世界又属于什么呢？这实际上关涉到我们如何理解“现象”这个概念。

人们通常只把通过感官直接接触到的、看见的、听到的当作现

❶ 哲学大辞典［M］. 上海：上海辞书出版社，2001.

象，这里要指出的是，除了感性直观的现象以外，我们想到的、梦见的、感悟到的、推测出的，也都属于现象。现象并不一定是真的，假象也是现象；现象也并不一定是司空见惯的，神秘现象也是现象；现象不一定是直接感觉到的，思维（包括非逻辑思维）的结晶也是现象。总之，凡人感知和意识到的一切都是现象。我们容易理解表象属于现象，因为表象是在人们头脑中出现的关于事物的形象；但为什么说理性与概念的世界也属于现象呢？这个问题可以用"信息论"的方法来加以理解（图 1）。

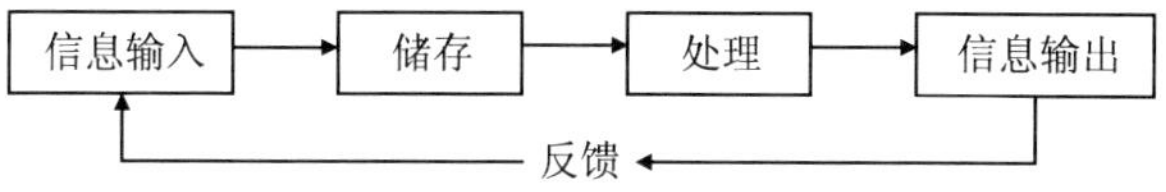

图 1　信息变换过程

感性认识与理性认识，实际上是一个不断循环的信息流：所谓感性认识，是人的感官在社会实践中直接接触客观世界在头脑中形成的认识，这相当于信息的输入→储存→处理，是认识的第一个过程；而经过处理的信息输出后反馈至信息输入→再储存→再处理→再输出→再反馈……的过程，就是所谓认识的高级阶段——理性认识。在此，"信息"相当于"现象"，理性不断处理的东西仍然是现象。这也就是叔本华（Schop-enhauer）所说的"概念是表象的表象"[1]的原因所在。用信息论的方法理解人的认识过程，就不存在感性与理性以及表象与概念的矛盾。针对西方哲学史上理性与感性的对立、割裂，或者说褒扬理性、贬抑感性的不良传统，阿恩海姆（Arnheim）早已对之做出了全新的反思，提出了与传统观念截然不同的新的理论主张，在《艺术与视知觉》里他写道：

[1] 叔本华. 作为意志和表象的世界［M］. 北京：商务印书馆，1982：74.

被称为“思维”的认识活动并不是那些比知觉更高级的其他心理能力的特权，而是知觉本身的基本构成成分。我所说的这些认识活动是指积极的探索、选择、对本质的把握、简化、抽象、分析、综合、补足、纠正、比较、问题解决，还有结合、分离、在某种背景或上下文关系中做出识别等。这样一些活动并不是哪一种心理作用特有的，它们是动物与人的意识对任何一个等级上的认识的处理方式。在这方面（即在处理认识材料的方面），一个人直接观看世界时发生的事情，与他坐在那儿闭上眼睛“思考”时发生的事情，并没有本质的区别。❶

早在两百多年前，康德（Kant）在其《纯粹理性批判》中就把“现象界”和“自在之物”❷划分开来，认为对“自在之物”的认识不是人有限的认识能力所能达到的，我们所说的存在永远是我们感知中的现象体系。在“对先验感性论的总说明”中，康德解释道：

我们的一切直观无非是关于现象的表象；我们所直观的事物不是自在之物本身……即使我们能够把我们的这一直观提升到最高程度的清晰性，我们也不能借此进一步知悉自在对象本身的性状。因为我们在一切情况下所可能完全认识的毕竟只是我们直观的方式，即我们的感性，并且永远只是在本源地依赖于主体的空间时间条件下来认识它的；自在的对象本身会是什么，这决不会通过对它们那惟一被给予了我们的现象的最明晰的知识而被我们知道。❸

---

❶ 阿恩海姆．艺术与视知觉［M］．北京：中国社会科学出版社，1984：56.

❷ “现象界”和“自在之物”是德国古典哲学家康德哲学的基本概念：“现象界”的意思是指人类意识的物质世界，也就是人们所认识的实在界；“自在之物”又译“物自体”或“物自身”，是指人认识以外的，又绝对不可认识的存在之物。

❸ 康德．纯粹理性批判［M］．北京：人民出版社，2004：42-43.

综上所述，我们可以得出这样一个结论：对于人的感知和意识来说，存在就是现象。

本质·需要

哲学的主题对象是本质（Essence）——存在的本质。何为本质？传统的本质主义认为它是现象背后的实在。这种解释早已被人抛弃，正如当代西方著名的科学哲学家和社会哲学家卡尔·波普尔（Karl Popper）所说："本质主义把我们日常世界仅看作是它在幕背后发现实在世界的现象世界，一旦我们认识到下述事实，就不得不抛弃这种观点了：我们每个理论所描述的世界，可能本身又要由用其他理论描述的深一层的世界来解释，这些理论具有更高的抽象性、普遍性和可检验性。本质或终极实在的学说和终极解释的学说一起崩溃了。"[1] 西方科学史上还有一种根深蒂固的还原论传统，即总是把构成事物的基本元素和最低层次看成事物的本质，把其他一切都归结为这一特定的层次。弗洛伊德（Freud）正是看到潜意识是心理的最低层次，于是就把它看作心理的本质，他在《精神分析引论》中写道："心理过程主要是潜意识的，至于意识的心理过程则仅仅是整个心灵的分离的部分和动作。"[2] 这一结论本身就说明还原论传统是存在问题的，是不能令人满意的。此外，还有一种结构主义的观点，认为世界是由各种关系，而不是由个别事物构成的，因此，事物的真正本质不在于事物本身，而在于我们在各种事物之间所构造的、然后又在它们之间感觉到的那种关系。结构主义的这一

[1] 波普尔. 猜想与反驳——知识的增长［M］. 上海：上海译文出版社，1986：126.

[2] 弗洛伊德. 精神分析引论［M］. 北京：商务印书馆，1986：8.

基本观点体现了系统和整体的观念，它已经接近以下笔者对本质的解释。

既然对于人的感知和意识来说存在即现象，那么所谓存在的本质就是现象不可或缺的需要。这一答案看似简单，然而它却包含并超越了结构主义所要表达的内容，尤其符合系统思维。“对于人的感知和意识来说，存在即现象”与“万事万物皆成系统”是相通的。系统是由若干个相互联系、相互作用的要素组成，且有特定功能的有机整体。这里所说的“需要”涵盖了系统的“要素”“结构”“功能”“环境”，也就是说：构成系统的要素是系统的需要；各要素之间的特定关系，形成的结构是系统的需要；系统的结构所构成的特定功能的整体是系统的需要；与系统发生相互作用的外部环境也是系统的需要。总之，凡呈现于人的意识之中的现象都是由若干需要构成的。而现象的本质，则是指那些构成现象的不可或缺的需要。比如，太阳系里有恒星、八大行星、卫星、小行星等天体，这其中缺少了某些小行星或卫星，不会影响“太阳系”这个现象的存在，但如若少了太阳和八大行星（包括太阳系在银河系中的位置以及这些天体的相互关系），那就不是太阳系了，因为它们是构成“太阳系”这个现象的关键要素——不可或缺的需要——本质。

“需要”这个词是开放性的，它强调了事物之间的联系；“需要”也体现了事物的特殊性和层次性，因为不同的现象以及不同层次的现象总有不同的需要。用“不可或缺的需要”来解释本质，使得我们所理解的本质具有了系统思维的特点。

此外，我们还必须认识到，本质只是一个相对的概念，因为它永远只是人造的现象。正如美国理论物理学家卡普拉（Capra）所指出的那样：

现在在近代物理学中发展了一种十分不同的观点。物理学家们已经开始认识到，他们所有关于自然现象的理论，包括他们所描述的“法则”，都是人类思维的产物，是我们关于实在的概念图像的性质，而不是实在本身。这种概念性的图像和它所含有的一切科学理论与“自然法则”一样，必然是局限性的和近似的。一切自然现象归根结底都是互相联系的，要解释其中任何一种现象，我们都必须了解所有其他现象，而这显然是不可能的。科学之所以能够如此成功，是因为人们发现了可以采用近似的方法。如果我们满足于近似地“了解”自然，就可以采用略去关系较小的其他现象的办法，来描述所选定的一组现象。这样就能够用少数现象来解释许多现象，以一种近似的方式来了解自然界的不同方面，而无须同时了解一切事物。这就是科学方法：所有的科学理论和模型都是对于事物真实性质的近似，而这种近似所包含的误差常常小到足以使这样的处理方法富有意义。例如，在粒子物理学中常常略去粒子之间的引力相互作用，因为它们要比其他相互作用弱许多数量级。[1]

科学探索不断地向我们展示这样一个事实：客观世界（对象）的信息量永远大于我们所能把握的信息量。没人能走完所有的路，关键是要有目的地，没有目的也就达不到目的。我们的研究一旦有了目的，就可以忽略那些跟我们的目的或需要不相干的事物的需要。例如，我们现在需要了解并制造“冰”，那么，“水在摄氏零度或零度以下的固体状态”就是我们需要把握的关于“冰”的本质，至于水是由什么构成的，在此并不重要；又比如，我们测量路程和身高时绝不会使用微米或纳米级单位，虽然它们的测量精度很高。

[1] 卡普拉. 物理学之“道”——近代物理学与东方神秘主义［M］. 北京：中央编译出版社，2012：235.

因此，我们不要妄想也没有必要掌握事物的绝对本质，我们只能以满足自身的需要为目的，把握事物的相对本质。

画家方法论

哲学方法论涉及的是人们认识世界、改造世界的方法，即用什么方式、方法来观察事物和处理问题。不同的哲学常常伴随与之相应的方法论，比如笛卡尔的演绎法、培根的归纳法、胡塞尔的现象学还原法等。好的方法论不是凭空杜撰的，它应当从实践中来并能回到实践中去；好的方法论也应该与时代的需要相符（我们的时代需要能够解决复杂问题的方法论）。笔者认为，如果把画家们在绘画过程中经常用到的观察、表现和创作的方法（图 2）提升到哲学高度，它就是好的方法论。它的哲学表达式如图 3 所示。

整体—局部—整体

图 2　画家观察、表现和创作的方法

综合—分析—综合

图 3　画家方法论的表达式

所谓综合，就是把研究对象的各个部分、各个方面和各种因素联系起来加以考虑，从而在整体上把握事物的本质和规律的一种思维方法；分析，就是把研究对象分解为各个组成部分、方面、因素，然后分别加以研究，以达到认识其本质的一种思维方法。

从总体上看，在量子论和系统论产生之前，西方的研究方法主要从细节入手，最终还原一个整体，每深入一层都要对整体进行一次调整。这是一种偏重分析的方法，“原子论”是其最突出的表现。这种方法的不足之处在于它缺乏相互关联的整体意识，没有看到整体绝非部分的叠加。对此，系统论的创立者贝塔朗菲（Von Bertalanffy）有过论述："过去科学的唯一目标似乎是进行分析，把实际存在的事物分割成一个个尽量小的单元和孤立的单个因果链。因此物理实体被分割成大量的质点或原子，生命有机体被分割成细胞，行为被分割成反射，知觉被分割成点状的感觉，如此等等。"❶未来学家阿尔文·托夫勒（Alvin Toffler）也指出："在当代西方文明中得到最高发展的技巧之一就是拆零，即把问题分解成尽可能小的一些部分。我们非常擅长此技，以至于我们竟时常忘记把这些细部重新装到一起。……在科学中，我们不仅习惯于把问题划分成许多细部，我们还常常用一种有用的技法把这些细部的每一个从其周围的环境中孤立出来。这种技法就是我们常说的 ceteris paribus，即'设其他情况都相同'。这样一来，我们的问题与宇宙其余部分之间的相互作用，就可以不去过问了。"❷

与西方的思维方法相比，中国古代的思维方法偏重于综合，从整体入手，关注事物之间的联系是其特点。最典型的表现是"天人合一"的观念和"阴阳五行"学说。这一方法的明显不足是缺乏对具体事物的深入细致研究。这也是近代科学没有产生在中国的根本原因之一。对此，迈因策尔（Mainzer）在《复杂性中的思维》中说道："值得注意的是，中国的自然哲学中没有原子微粒概念，因而没有发展出西方文艺复兴意义上的数理力学。相反，其核心是自然界和谐的模型，其中节律波和场使得所有的事物都与其他事物相关联。"❸

当代著名学者季羡林认为，东西文化的根本区别体现在思维方

❶ 贝塔朗菲．一般系统论基础、发展和应用［M］．北京：清华大学出版社，1987：41．

❷ 普里戈金．从混沌到有序［M］．上海：上海译文出版社，1987：5．

❸ 迈因策尔．复杂性中的思维［M］．北京：中央编译出版社，2000：36．

式上，他说："东方人的思维方式是综合的，西方人的思维方式是分析的。"[1] 显然，这两种以对方的缺失为自己优势而又没有形成互补关系的思维和研究方法，已经不合时宜。如果能够取长补短，把它们整合成一个符合我们需要的方法论，其意义非同小可。耗散结构理论的创立者普里戈金（Prigogine）在《从混沌到有序》中也有过这种想法："我们相信，我们正朝着一种新的综合前进，朝着一种新的自然主义前进。也许我们最终能够把西方的传统（带着它对实验和定量表述的强调）与中国的传统（带着它那自发的、自组织的世界观）结合起来。"[2] 有趣的是，这一方法早已被画家们创造出来（具体发明人不详），并得到了很好的运用。大凡成功绘画作品，其创作过程都自觉不自觉地用到了这一方法；许多绘画的教科书通常也都会提及这一方法。

"整体—局部—整体"是画家们在长期的创作实践当中总结出来的成功经验。这一方法所面对的是视觉形象，从来没有人用它来解决抽象、复杂的理论问题。笔者之所以把它提升到哲学方法论的高度，除了它成功的实效性外，还有其科学性或理论依据。首先，它所强调的整体性与格式塔心理学相符。格式塔心理学的奠基者们在他们的实验基础上得出结论认为，知觉不是各种感觉要素的复合，即知觉并不是先感知到个别成分而注意到整体，而是相反，先感知到整体的现象，而后才注意到构成整体的各个部分。阿恩海姆在《艺术与视知觉》一书的引言中也着力强调："无论在什么情况下，如果不能把握事物的整体或统一结构，就永远也不能创造和欣赏艺术品。"[3] 其次，这一方法与当代系统科学所追求的整体性目标

---

[1] 季羡林论东西方文化的互补关系［N］. 北京日报，2001-9-24.

[2] 普里戈金. 从混沌到有序［M］. 上海：上海译文出版社，1987：57.

[3] 阿恩海姆. 艺术与视知觉［M］. 北京：中国社会科学出版社，1984：5.

相符。系统论一开始就试图把整体论作为哲学原则加以科学的实施，其目标是要建立“整体论”的科学。系统科学最重要的思想之一就是整体高于部分，部分受整体的支配、服从整体的目标，整体不简单是部分的线性相加。

“整体（综合）—局部（分析）—整体（综合）”这一方法强调的是相互关联的整体意识；局部（分析）不是目的，它是为整体（综合）这个目的服务的过程和手段。根据目的（需要），前一个整体（综合）具有提纲挈领的性质，后一个整体（综合）具有调整完善的性质。现象界本来就是一个无限的相互关联的大系统，而我们要做的就是从中发现、整合一个符合我们需要（目的）的相互关联的有限的小系统。当然，只要能达到这个目的，你可以用包括分析、归纳、演绎、类比在内的任何手段。但是，对于复杂的现象和问题，我们需要更为科学、有效的方法论。

画家们应当为创造了这样一个有价值的方法而骄傲。因为它不仅是一个对我们完成作品提供有效帮助的优良传统，而且更重要的，它还是一个符合系统思维的具有哲学意义的方法论。面对复杂问题的科学工作者尤其是哲学社会科学工作者，也许能从“画家的方法论”中得到启发，找到解决难题的有效途径。

论证篇

物　性

人　性

爱的演进

两个区别

借助科学这面“镜子”，本篇将用两个示意图（“物性示意图”和“高等动物本性示意图”）和两个区别（人与动物的关键区别以及智人与猿人的关键区别）让读者看清自己及同类的先天本性。

本篇所要讨论的是人的性质，或者换一种更为哲学的说法即人的本质问题。这无疑是所有问题中最重要的一个问题，因为其余所有问题都取决于我们对人的本质或人性的见解。然而，这却是一个至今悬而未决的，沉重、严峻和紧迫的难题。以下这些哲人的相关话语可见一斑。

在人类知识的任何其他时代中，人从未像我们现在那样对人自身越来越充满疑问。

——马克斯·舍勒❶

认识自我乃是哲学探究的最高目标——这看来是众所公认的。在各种不同的哲学流派之间的一切争论中，这个目标始终未被改变和动摇过，它已被证明是阿基米德点，是一切思潮的牢固而不可动摇的中心。

——恩斯特·卡西尔❷

任何一个时代也没有像当前时代这样多的懂得人，但任何一个时代也没有像今天这样少地懂得什么是人的问题。任何一个时代，人都没有像我们当代一样成为这样大的问题。

——海德格尔❸

进入我们的世界，探索人类的本质核心要比登上月球困难得多，特别是不仅摧毁了我们的许多城市，而且还颠覆了我们的意

❶ 马克斯·舍勒. 人在宇宙中的地位［M］. 贵阳：贵州人民出版社，1989：前言第21页.

❷ 恩斯特·卡西尔. 人论［M］. 上海：上海译文出版社，1985：1.

❸ 王建伟. 叔本华的人生哲学［M］. 天津：天津社会科学院出版社，2002：171.

识，引起了史无前例的文化危机的两次世界大战之后。我们被卷入一场似乎在任何层次上——哲学家、科学家、政治家、神职人员，甚至普通人，既包括个人又包括群体——对于人的含义和人生的价值是什么，即自由的存在者应当过什么样的生活，都不能达成一致意见的文化混乱中。

——巴蒂斯塔·莫迪恩[1]

人性问题无疑是迄今为止人类最重要、最复杂的学术问题。在科学尚不能像今天这样深刻认识宇观、宏观、介观、微观世界，成为人类反观自照的镜子时，人类是不可能看清自己真实面貌的。在没有科学这面镜子的时代，人性问题研究的常态就是陷入误区，最典型的误区就是我们长期以来习惯于用"善"与"恶"来解释人性。有人把古今中外的人性论分为四类：①性善论（以中国战国中期的孟子，古希腊的斯多葛学派和法国哲学家卢梭为代表）；②性恶论（以中国战国中期的荀子及其门徒李斯、韩非子，欧洲思想家奥古斯丁、马基雅弗利、霍布斯、叔本华为代表）；③性有善有恶论（以中国战国初期的世硕，汉代董仲舒、扬雄，唐代韩愈，古希腊的柏拉图、亚里士多德，近代德国哲学家康德为代表）；④性无善无恶论（以中国战国中期的告子、英国近代思想家洛克、美国哲学家詹姆士和杜威为代表）。显然，这四类学说都没有脱离"善"与"恶"，其中的"无善无恶论"不过是先否定了人有先天一般本性，而后天习得的性质又落入了"善"与"恶"的窠臼。在笔者看来，我们不可再用"善"与"恶"来解释人性，因为"善"与"恶"只是人们的价值判断，相当于对人性"好"与"坏"的评价。

---

[1] 巴蒂斯塔·莫迪恩．哲学人类学［M］．哈尔滨：黑龙江人民出版社，2005：序言第4页．

用“好”与“坏”来解释人性如何能让人满意？能让当代人满意的人性论必须是事实判断。而事实判断的人性论只能借助科学所揭示的“物性”来获得，诚如中国当代哲学家王东岳先生在《物演通论》中的表述：

所谓“人性”就潜涵在“物性”之中，或者说“人性”是“物性”自身绽放出来的娇艳而柔弱的花朵。❶

物性

《物演通论》不仅终结了那句“中国没有哲学家，只有哲学家学家”的流行语，也必将使其作者成为可与西方哲学大家比肩的人物。王东岳先生成就斐然，他不仅发现了“递弱代偿”的物演规律，还在精神哲学或心灵哲学方面实现了对西方哲学的超越。然而智者千虑必有一失，先生终究没有为我们提供一个符合马赫思维经济原则的人性解释。本以为《物演通论》可以终止笔者的“献玉”之举，但当读完先生的大作之后却意外发现：《物演通论》是“科学人性论”最有力的佐证；其中的“人性是物性的绽放；人道是天道的赓续”似乎是为《科学人性论》量身定制的招牌话语。

如何让“物性”绽放出“人性”？科学所揭示的“物性”仅仅只是那含苞待放的花蕾，绽放它还需要发挥我们的综合能力和想象力。

我们首先应当认识到：科学所涉及的物通常是一些经过分科的“具体物”，而我们要揭示人性就必须借助全部科学所涉及的物——“整体物”并了解其本质属性；尽管我们不能在这个“整体物”与

❶ 王东岳．物演通论［M］．北京：中信出版社，2015：69．

存在（现象）之间画等号（=），但依据科学目前已有的成就，可以在它们之间画上小于等于号（≤）或约等于号（≈）。在这个前提下，我们追问物的需要，就是要回答物的本质属性问题，因为本质即现象不可或缺的需要（见“前提篇”所述）。

那么，对于这个“≤”或“≈”现象的物来说，什么才是它不可或缺的需要呢？宇宙大爆炸理论已经从根本上提供了答案——这个不可或缺的需要就是由宇宙大爆炸引发的“运动”（这“运动”具有自组织的性质，其完整的表述应该是“运动、变化、发展”）。根据2013年欧洲空间局公布的普朗克太空探测器数据，宇宙诞生于138.2亿年前的一场最激烈的“运动”（大爆炸），正是这“运动”才生成了基本粒子、核子、原子、分子、生物，以及星云、恒星、星系等物质。科学不仅揭示了宏观世界的运动规律，还为我们展现了微观世界和宇观世界奇妙而神奇的运动。在科学家所做的高能散射实验里，粒子世界看起来完全是变化无常的，所有的粒子都可以嬗变为其他粒子。根据量子力学，粒子被限制的区域越小，其运动越快，被限制在原子核大小范围里的粒子运动速度接近光速。正是因为微观粒子世界无休止的高速而神奇的运动，才导致海森堡“不确定性原理”[1]的提出。越来越先进的天文观测设备让我们看到处于无休止的运动中的宇宙：旋转着的氢气云收缩成星体，并在此过程中逐渐升温，成为天空中的火球；当大部分氢燃料耗尽时，星体开始膨胀，最后在重力坍缩中再次收缩，有的可能导致巨大的爆炸，甚至成为黑洞。天文学在更大尺度上发现了宇宙的膨胀：星系距我们越远，它们退离我们越快（近处星系以每秒钟几千英里的速度退移，远处的星系以光速退移）。我们的宇宙至今仍然处在大爆炸之后的

[1] 不确定性原理（Uncertainty Principle）是量子力学关于物理量测量的原理，表明粒子的位置与动量不可同时被确定。该原理由德国物理学家沃纳·卡尔·海森堡于1927年提出。

膨胀之中，一切现象都在运动、变化、发展。

早在文艺复兴时期，弗朗西斯·培根（Francis Bacon）就将运动视为物质的第一特性，并列举了19种具体的运动来证明运动的多样性。100多年前，恩格斯（Engels）已为我们留下了关于运动的深刻见解：

> 运动，就是一般的意义来说，就它被理解为存在的方式，被理解为物质的固有属性来说，它包括宇宙中发生的一切变化和过程，从单纯的位置移动起直到思维。自然界不是存在着，而是生成并消逝着。❶

"运动"是物的存在方式，是它的根本需要——本质属性。古代的圣哲们早已通过仰观和俯察在宏观层次上发现了自然界的这一本质属性，近现代科学又从宇观和微观层次上进一步证明了它。

仅仅知道"整体物"的"运动"属性尚不足以揭示人性。我们还需在物的诸多运动方式中找出最普遍的方式，或者说探究出"运动"这一现象不可或缺的需要（本质）。探究"整体物"本质属性——"运动"之不可或缺的需要，这显然已经超出了一般自然科学的研究领域，当属于哲学范畴。然而，一切都在运动、变化、发展。科学也不例外：当代科学竟然涌现出具有哲学意味的科学——系统科学。正是这种具有综合性、跨学科，试图揭示整个自然和生命属性与规律的当代系统科学尤其是协同学，为我们揭示出"整体物"之"运动"不可或缺的需要（本质）——协同与竞争。

协同学（Synergetics）的创始人，德国物理学家赫尔曼·哈肯（Helman Haken）在其著作《协同学——大自然构成的奥秘》开篇就指出："鉴于零星分散的成果十分繁多，也鉴于专业术语和工作方

❶ 恩格斯. 自然辩证法［M］. 北京：人民出版社，1984：124.

法各不相同，看来越益紧迫的是，亟待找到一些基本原理，并从哲学上予以透彻剖析。”❶协同学以系统论、信息论、控制论、突变论等为基础，吸取了耗散结构理论的大量营养，采用统计学和动力学相结合的方法，通过对不同领域的分析，建立了一套数学模型和处理方法，来描述各种系统和现象中从无序到有序转变的共同规律。撇开那些数学模型和处理方法，从赫尔曼·哈肯的论述中“我们将发现，许多个体，无论是原子、分子、细胞，或是动物、人类，都是由其集体行为，一方面通过竞争，另一方面通过协作而间接地决定着自身的命运”❷。其实，“协同与竞争”早已出现在理论生物学家贝塔朗菲（Bertalanffy）《一般系统论》发现的系统规律中；而在此之前，竞争性普遍规律亦早已被发现并深刻影响了人类历史——达尔文（Darwin）1859 年《物种起源》(全称《论通过自然选择的物种起源或生存斗争中最适者生存》）的出版。然而，在非生命世界同时发现协同与竞争的普遍规律，却是赫尔曼·哈肯及其协同学的贡献。赫尔曼·哈肯在《协同学——大自然构成的奥秘》中有一个关于激光与“适者生存”的例子：

“适者生存”规律可以比作一只猫咬它自己的尾巴而团团转。谁能生存，谁就是适者。但用无生命世界的一个例子，就可以解开这个死结。因为达尔文主义不仅存在于有生命自然界，而且在无生命物质中也存在着。我们已把激光作为一例，其中我们发现各种激光光波之间存在着竞争，最终也只有一种波生存下来。我们当然可以称它为“适者”。❸

❶ 赫尔曼·哈肯. 协同学——大自然构成的奥秘［M］. 上海：上海译文出版社，2005：1.

❷ 同❶，8.

❸ 同❶，58.

赫尔曼·哈肯在深入研究激光理论的过程中发现，激光器里大量原子发光的过程是从无序变为有序的“自组织”过程，并由此联想到热力学中的“相变”(相变也会明显出现从无序到有序的转变或相反的过程)。因此，赫尔曼·哈肯认为，在某一系统中的“合作现象”之背后一定还隐藏着某种更为深刻的普遍规律，这就是“协同”规律。正是对于激光现象及其理论的研究（20世纪60年代激光问世，1970年赫尔曼·哈肯的《激光理论》出版)，导致赫尔曼·哈肯及其同仁最终创立了协同学。赫尔曼·哈肯的协同学还对流体模式、云图和地质构造等非生命现象进行了研究，并分析证明流体模式、云图和地质构造中的滚卷及蜂窝状模式都是竞争与协同的结果。目前，协同学已经成功地应用于许多学科，其影响力几乎涵盖自然科学和社会科学的各个领域。

在系统科学里，所谓竞争，是指系统内各要素间相互争夺，力图取得支配和主导地位的活动与过程；协同是指系统中子系统或要素的联结、合作、协同与同步的行为。竞争广泛地存在于各类不同的过程、系统和领域中：在物理学领域，激光产生过程中即存在不同光波之间的竞争，贝纳特结构中的分子对流运动存在着分子间运动模式的竞争；在化学领域内，三分子以上的反应在一定条件下也存在分子间的竞争以及反应行为模式的竞争；在生物系统中，竞争更是广泛存在，弱肉强食、优胜劣汰，便是生物界的竞争。协同同样广泛存在于自然界的不同领域：天体演化中如果没有物质的协同，就不能形成各种星球和星系；在微观领域，如果没有原子核与电子的协同就不会有原子，没有原子间的协同也不会产生分子、高分子化合物乃至细胞；在生命世界里，不同物种之间不仅存在着生存竞争，也存在利他行为和共生现象，处于食物链中的各种生物互相依存也是一种协同；在人类社会中，协同通常表现为由爱、亲情或共同利益支配的行为。

协同与竞争是系统所固有的两种相反的属性；在系统的运动过程中，竞争性与协同性是不可分割并且相互制约的关系。这种属性和关系体现在从总星系到基本粒子的一切物质系统中。

首先，赫尔曼·哈肯为我们展现了总星系运动的协同性与竞争性：

> 一方面存在着火，例如太阳的火，另一方面存在着太空的无边的冰寒，这意味着世界现在并不处于热平衡之中，世界也从未处于热平衡状态。按照我们现有的知识，世界在大爆炸中形成时，是一个烫得难以想象的火球，但同时它在不断膨胀和冷却。因而混沌初开时就存在着大量的热和大量的冷的对立。至于生命能否继续存在，则取决于宇宙中能否永恒保持这个对立。[1]

在此，如果我们把“火”看作宇宙的竞争性，而把“冰”看作宇宙的协同性，那么，我们的总星系本就处在“火与冰”的协同与竞争之中。

接下来，我们可以把万有引力的作用看作天体运动中的协同因素，而竞争的因素则包括宇宙的膨胀、气体的热膨胀、辐射压力、天体运动所产生的离心力等。例如，在恒星内部：核能量释放的热压力和电磁辐射力要炸开恒星；而与之相反，引力则要压垮恒星。这种协同与竞争导致了恒星的起源与演化。太阳系的起源与演化也是在协同与竞争的矛盾中发生的。

在地球历史中，协同与竞争推动着地球的形成与演化。对地球物质系统而言，协同主要是指地球自身的引力作用使地球中的物

---

[1] 赫尔曼·哈肯．协同学——大自然构成的奥秘［M］．上海：上海译文出版社，2005：193．赫尔曼·哈肯所说的这种“对立”是自然界最根本、最重要的相互作用力：如果说宇宙的热膨胀导致了万有斥力，那么其反作用力即万有引力。笔者认为，我们的科学研究忽视了这“对立”中所包含的“暗能量”与“暗物质”。

质相互接近；竞争则在宏观上表现为地球由于自转而产生的离心作用，微观上表现为分子的热运动和放射性元素衰变产生的热排斥。协同与竞争的相互作用和相互转化不仅使地球的演化经历了天文时代和地质时代，而且导致了地球系统的各个要素（如大气圈、水圈和地压等）的形成。

在分子运动中，协同与竞争的矛盾常常表现为分子力（分子间引力和斥力的合力）和热运动之间的矛盾。分子力的作用使分子保持在平衡位置附近；而分子热运动是一种无规则的运动，它总是要使分子远离平衡位置；在一定条件下，这种协同与竞争决定了物体三种聚集状态（气态、液态和固态）的转化。

在原子内部，存在着原子核和电子之间的协同与竞争。原子内部协同作用主要是指原子核和电子之间通过电磁场交换场量子（光子）而产生的相互吸引。原子内部的竞争作用主要包括三个方面：一是核外电子绕核高速运动所产生的离心作用；二是来自核外电子之间的库仑排斥；三是使两个电子不能同处于一个量子态的泡利不相容。由于这种协同与竞争因素的存在，使电子不会飞离原子核，同时电子也不会掉进原子核中去，从而使原子核和电子处在相对稳定的系统中。

原子核内部的协同与竞争比较独特（其强大的核力具有极短程的特性）。只有在核子互相非常靠近，也就是当它们之间的距离仅约为它们直径的 2 ～ 3 倍时，核力才起作用。在这样近的距离上，核力是强引力；但是当距离变得更近时，核力却变成了强斥力，从而使核子之间不可能靠得更近。核力就是这样地使原子核虽然处于极度动态，却是极为稳定的平衡中。

最后，我们在微观粒子世界仍然能够看到物质运动的协同性与竞争性——波粒二象性。波粒二象性（Wave-Particle Duality）指的是所有粒子或量子不仅可以部分地以粒子的术语来描述，也可以部分地用波的术语来描述；也就是说，量子范围内的物质具有波和粒子的双重性质。这是一群顶级科学家用了三百多年的时间反复实验、争论和验证的结果。其间最著名的争论就是科技界耳熟能详的三次波粒大战：第一次波粒大战始于三个世纪以前（1672 年），最终是牛顿（Newton）的粒子说战胜了胡克（Hooke）的波动说；第二次波粒大战（18 世纪末至 19 世纪初）得益于托马斯·杨（Thomas Young）和菲涅尔（Fresnel）的贡献，波动说取得了胜利；发生于 20 世纪的第三次波粒大战，由于爱因斯坦（Einstein，1905 年提出了光电效应的光量子解释，人们开始意识到光波同时具有波和粒子的双重性质）和路易·维克多·德布罗意（Louis Victor de Broglie，1924 年提出“物质波”假说，指出波粒二象性不只是光子才有，一切微观粒子，包括电子和质子、中子，都具有波粒二象性）的参与，“波动说”与“粒子说”打了个平手；2015 年，瑞士洛桑联邦理工学院的科学家成功拍摄出光同时表现出波粒二象性的照片，算是为旷日持久的波粒大战画上了圆满的句号。微观世界“波粒二象性”大概是科学史上耗时最长，动用人力物力最多，最不可思议的一个发现。耗时、耗力的原因在其不可思议，科学家们不理解也不相信同一物会同时存在两种完全相反的性质。针对“波粒二象性”这一奇异现象，玻尔（Bohr）于 1927 年提出了“互补原理”[1]，指出波和粒子在同一时刻是互补的，但它们在更高层次上统一。在笔者看来，这不可思议的发现恰好体现了粒子或量子运动的协同性与竞争性——“波”体现了粒子或量子运动的协同性，而“粒”则体现了

[1] 互补原理（Complimentarity Principle），是量子力学基本原理之一。玻尔在 1927 年提出：原子现象不能用经典力学所要求的完备性来描述。在构成完备的经典描述的某些互相补充元素，在这里实际上是相互排除的，这些互补的元素对描述原子现象的不同面貌都是需要的。他称这个原理为互补原理。

粒子或量子运动的竞争性；只要我们不干预（进行测量），“波”与“粒”这两种相反的性质在微观粒子世界就是同一的。

在物理学所发现的自然界四种基本相互作用（强相互作用、弱相互作用、电磁相互作用、引力相互作用）中，除弱相互作用（这种相互作用只表现在某些种类的粒子碰撞和衰变中，不能使任何东西保持在一起）外，其他三种相互作用都能产生结合力——强相互作用维持着原子核，电磁相互作用维持着原子和分子，引力相互作用维持着行星、恒星和星系。它们虽各有特点，但其“相互作用”均体现出物质运动的共性——协同与竞争。

通过以上追问“整体物”之不可或缺的需要，我们最终找到了最根本和最普遍的物性——“运动”及其方式“协同与竞争”，用示意图表达如下（图 4）：

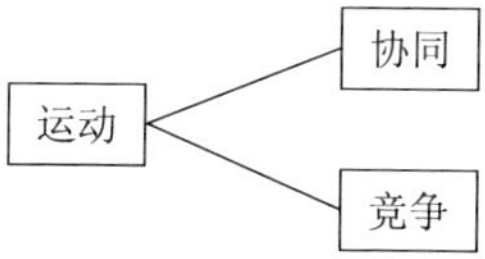

图 4　物性示意图

这个借助于科学尤其是系统科学而得到的物性示意图，很容易让我们联想到中国易学的“一阴一阳之谓道”以及西方哲学辩证法的“对立统一”。为了便于理解和后续的论证，这里有必要根据系统科学并结合辩证法，对“物性示意图”及其相关原理加以说明。

物质的根本属性（不可或缺的第一需要）即运动。这“运动”具有自组织性（自发地形成系统），并具有协同与竞争的对立统一性。或者说，自组织及其协同与竞争是“运动”不可或缺的需要。“自组织”意味着物质具有自由性；同时也意味着其自由受制于系统，或者说系统决定了子系统的自由度。这里所提及的物质“自由性”有两个科学理论依据：一是系统科学的自组织理论❶；二是曾经获得2004年诺贝尔物理学奖的“渐进自由理论”❷（该理论证明了基本粒子的自由性质）。

协同是自组织系统要素或子系统相互依赖的统一现象；而竞争则是自组织系统要素或子系统自我维持的对立现象。无论是协同还是竞争，它们都是自组织系统运动不可或缺的根本需要。“相互依赖”和“自我维持”揭示了协同与竞争的本质：没有依赖就不会有协同；自我维持则是竞争的原因。根据“泡利不相容原理”❸，竞争（相斥）出现在邻近的相似物或系统之间；协同（相吸）出现在互补物或系统之间。最激烈的竞争发生在自组织系统的自我维持面临危

❶ 自组织理论（Self-organizing Theory）是20世纪60年代末开始建立并发展起来的一种系统理论，其研究对象主要是复杂自组织系统（生命系统、社会系统）的形成和发展机制问题，即在一定条件下，系统是如何自动地由无序走向有序，由低级有序走向高级有序的。德国理论物理学家赫尔曼·哈肯认为，如果一个系统靠外部指令而形成组织，就是他组织；如果不存在外部指令，系统按照相互默契的某种规则，各尽其责而又协调自动地形成有序结构，就是自组织。自组织现象无论在自然界还是在人类社会中都普遍存在。

❷ 渐进自由理论（Asymptotic Freedom）是指对质子内部夸克之间所表现出来的一种力的相互作用关系的描述。“渐进自由”的发现者为弗朗克·韦尔切克、戴维·格娄斯和休·波利策。该理论认为，夸克之间的相互作用力随着夸克之间的距离增加而增大，即夸克之间的相互作用力与夸克之间的距离成正比。就是说，如果夸克之间的距离非常近，夸克之间的相互作用力非常小，每个夸克处在几乎“自由”状态；反之，夸克之间的相互作用力非常大。可用橡胶带效应比喻此现象，橡胶带向外的拉力越大，那么，橡胶带内部的“凝聚力”就越大，橡胶带的拉力与橡胶带的“凝聚力”之间成正比关系。

❸ 泡利不相容原理（Pauli Exclusion Principle）又称泡利原理、不相容原理，是微观粒子运动的基本规律之一。它指出：在费米子组成的系统中，不能有两个或两个以上的粒子处于完全相同的状态。在原子中完全确定一个电子的状态需要四个量子数，所以泡利不相容原理在原子中就表现为：不能有两个或两个以上的电子具有完全相同的四个量子数，或者说在轨道量子数确定的一个原子轨道上最多可容纳两个电子，而这两个电子的自旋方向必须相反。此原理由奥地利物理学家沃尔夫冈·泡利（Wolfgang Pauli）于1925年提出。

机之时；而最有力的协同是自组织系统内部的相互依赖或需要。自组织系统的层次越低，其内部的相互需要也就越强烈（因此，“成双结对的亚原子粒子”会出现远距离的感应现象——量子纠缠；为了分离越来越小的微观物质，我们不得不使用越来越大的粒子对撞机）；而随着自组织系统层次的提升，系统的稳定性逐层减弱（符合王东岳先生发现的“递弱代偿原理”❶）。

人性

人啊，认识你自己。

——古希腊德尔菲神庙上镌刻的著名哲理警句

自从苏格拉底（Socrates）把“认识你自己”作为自己哲学研究的核心命题开始，西方哲学一直都在探索人性。亚里士多德坚信有“人性”这种东西，并认为使人区别于其他动物和其他一切的就是人类能够思考和论证自己应当做什么。然而我们不禁要问，难道不能进行思考和论证或失去理性的人就不是人了吗？20世纪的存在主义哲学家萨特（Sartre）则相信，人并没有一种天生的本性，因此人必须创造自己的本性或本质。受存在主义哲学影响，今天有学者从生物学角度提出人是先天不足的存在者，即认为由于不能“直立行走”和“说话”，人类的婴儿都是先天不足的半成品，需后天的哺育和教育才能使其成为真正的人。人确实是需要后天重塑的

❶ “递弱代偿原理”由王东岳先生在《物演通论》中首次提出。他认为，愈原始愈简单的物类其存在度愈高，愈后衍愈复杂的物类其存在度愈低，并且存在度呈递减趋势。随着存在度的递减，后衍物种为了保证自身能够稳定衍存，就会相应地增加和发展自己续存的能力及结构属性，这种现象就是“代偿”。这个原理符合自组织理论层次结构关系的基本规律：层次越低、层次的空间尺度越小，其要素间的结合能越大；层次越高、层次的空间尺度越大，其要素间的结合能越小。

特殊存在者，但重塑之前的未成年人并非不是人；即使我们不恰当地把未成年人比作尚没有进化为智人的猿人。有人用“人是万物之灵”“人具有神性”或人的精神性来否定用“物性”可以推导出“人性”，殊不知王东岳先生的《物演通论》已经证明了一切精神现象属于自然现象的一种（详见王东岳《物演通论》卷二《精神哲学论》）。笔者在此必须强调指出：这里所说的物性原本就包含感知和精神；立足于“前提篇”所说的科学，本书决不探讨所谓人的“灵性”或“神性”；这里要讨论的是一般人性，或者说是所有人类——不仅包括那些经过教育或文化重塑的成年人，还包括未成年人、其他智人和猿人——共有的先天本性。那么，人到底有没有先天本性呢？答案是肯定的。因为“物性示意图”已经明白无误地告诉我们，万物有相同的先天本性；而“人是物”又被物理科学和生物科学所证明。

生物科学证明了人这种复杂的物源于那些相对简单的物：无机物经过长期的发展产生了有机物，有机体的长期发展产生了生命物质，生命有机体的长期发展形成了高等动物，高等动物中的类人猿经过长期的发展而转化为人类。物理科学又证明了万物同源：到目前为止，所能观察到的天体，同样是构成地球以及生命的那些化学元素构成的；用高能加速器产生的基本粒子与遥远天体的宇宙射线带来的基本粒子是一样的。恩斯特·海克尔（Ernst Haeckel）曾用胚胎学证明人是以往全部生物史的产物；而王东岳先生的《物演通论》则证明了人是以往全部自然史的产物：

如果把“人”置于整个宇宙的演化背景中考察，则人类个体的生存史俨然就是自然存在史的简短而迅速的重演。因为在胚胎成型之前尚有一个分子的乃至前分子的演育过程，而在胚胎落成之后也还有一个体质的乃至超体质的智质性状演育过程。这个完整的“成人化过程”恰好是整个宇宙演化进程的微缩重演：从粒子、原子、分子到生物大分子的合成，是胚胎细胞得以形成的生物微观代谢前提；从受精卵（单细胞）发育到囊胚期（多细胞融合体），再历经类似于鱼、蝾螈、龟等具有鳃裂和尾的胚胎前期阶段，以及类似于猪、牛、兔等较高等陆生动物的胚胎中期阶段，最终发育成具有种种体智潜能的婴儿（或曰“具有诸多潜在属性的载体”），是为海克尔“重演论”所观照的生物史全程。[1]

长期以来，我们之所以不能深刻认识人性，是因为我们只把人与动物联系起来看到了人的一部分动物性，而没有把人与包括动物、植物、有机物、无机物等所有物在内的“整体物”联系起来看到万物共有的先天本性。既然人是物，那么人的先天本性就潜涵在“物性示意图”所揭示的万物共性之中。借助于“递弱代偿原理”，我们将清晰地看到“物性示意图”中显现出来的人与高等动物所共有的先天本性。

根据“递弱代偿原理”，随着存在度的递减，后衍物种为了保证自身能够稳定衍存，就会相应地增加和发展自己续存的能力及结构属性（需要）。比如，处在物演进化序列最后端的人类为了保证自身的稳定延续，衍生出了独有的“理性”；而这“理性”却是从简单物质理化状态的“感应”经由低等生物的“感性”、高等动物的“知性”发展而来。生物自组织进化至高等动物阶段，为了保证自身能够稳定衍存，在其基本物性中衍生出了“爱”与“恨”等特殊的“欲”。我们把“爱”“恨”“欲”与“物性示意图”中的“运动”“协同”“竞争”连接起来，即呈现一个可以帮助我们理解人以

[1] 王东岳．物演通论［M］．北京：中信出版社，2015：424-425.

及其他高等动物先天本性的“高等动物本性示意图”(图 5)。

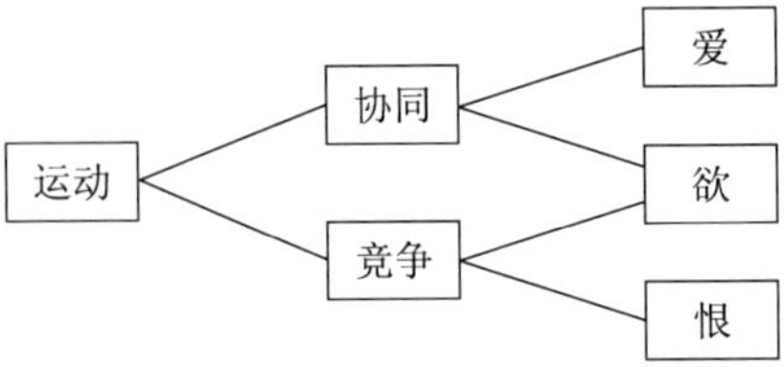

图 5　高等动物本性示意图

人在动物分类中属于脊索动物门、脊椎动物亚门、哺乳纲、真猴亚目、窄鼻猴次目、类人猿超科、人科、人属、人种。这里所谓“高等动物”是指有大脑且脑处于神经系统主导地位的动物，主要包括哺乳类、鸟类等脊椎动物。以下对“高等动物本性示意图”的解释，将为我们揭示包括人在内的高等动物的先天本性。

运动·欲

“动物”是“物质的根本属性即运动”这一命题最好的证明。当人类尚不甚了解介观世界、微观世界和宇观世界时，所能感知的宏观世界中似乎只有动物是具有能动性的存在。近现代科技更为深刻地揭示了包括人在内的高等动物的运动本性：我们的生命开始于一个受精卵细胞；这个细胞一分为二，二分为四，四分为八，直至成熟个体的几百万亿个细胞；在显微镜下可以观察到，这些细胞总是以一种疯狂的速度处于漫无目的的运动和无休止的撞击状态中；除了细胞中 DNA 结构相对不变外，组成我们身体的每一个细胞，乃至构成每一个细胞的细小组成成分，都处在一种持续不断的死亡和再生的过程之中；细胞、由细胞组成的组织、由组织组成的器官以及由器官组成的整个有机体——这整个组织系统，都处在永不停息的运动中；事实上，我们身体内每一秒中所含的物质原料都不相同，因为它们每分每秒都在更换着，假如这种物质更换暂停几秒，机体就会破裂，整个系统就会毁坏，生命也会随之消失。“运动”是包括人在内的高等动物不可或缺的第一需要，它体现着生命的存在，意味着活着和生命的延续。

在“高等动物本性示意图”中，“欲”是运动的心理现象，或者说是高等动物的心理需要。这种心理现象或心理需要是高等动物的特性，因为低等动物没有脑或脑的功能还不突出，只有当动物进化到脑处于神经系统的主导地位时（如鸟类和哺乳类），才会出现运动的心理现象或心理需要——“欲”。根据“递弱代偿原理”，这里所谓“高等动物”皆为存在度低的后衍物种。这些后衍的高等动物为了自身的稳定衍存，在其“协同”与“竞争”的本性中代偿出了“爱”与“恨”两种截然相反的心理现象（本篇后续将单独对其解释）。然而，“协同与竞争”以及“爱与恨”不是无缘无故的，其根本原因在“欲”。作为心理现象，高等动物的“欲”复杂且不易被察觉。然而，根据“物性示意图”的相关原理，我们仍然可以探寻出高等动物的“欲”所包含的主要内容——“求生欲”“自由欲”和“感知欲”。这三类高等动物的欲望并非空穴来风，它们可以在任何自组织系统乃至基本粒子层面找到根源。

1. 求生欲

任何自组织系统均有“自我维持”的基本需要，大到宇宙天体、地球生态系统、人类（民族、国家、宗教、政党、企业等）、其他生物，小到细胞、分子、原子、基本粒子（它们在相互靠近时的高速运动就是自我维持）莫不如此。“求生欲”即高等动物“自我维持”的基本需要。此“求生欲”也包含了低等动物“自我维持”的

“食欲”和“性欲”。所不同的是，相对于低等动物的“欲”（如单细胞动物的“食欲”以及低等有性繁殖动物的“食欲”和“性欲”），高等动物的“求生欲”具有自觉特征——表现出了低等动物所没有的“贪”（如贪生）和“畏”（如怕死），并因此具有更为积极主动的甚至极端的竞争性与协同性。

2. 自由欲

生物属于自然界的自组织系统。而“自组织”意味着生物具有自由性；同时也意味着生物的自由受制于其所属的系统，或者说生态系统决定了生物的自由度。所谓“自由欲”就是高等动物对自由（可支配活动空间）的心理需求。为了生存和繁衍，高等动物需有其一定范围的活动空间或领地，这就是其“自由度”。具备必需的活动空间或领地（自由适度）的高等动物心理上是自在的、安全的；越过势力范围（自由过度）的高等动物常常会感到恐慌和不安，因为过度的自由意味着自组织系统面临危机；而被剥夺自由的高等动物通常会表现出狂躁和愤怒或陷入焦虑、忧郁、绝望之中。

3. 感知欲

王东岳先生在《物演通论》中成功地推衍出了“精神存在”或“感知能力”的渐进过程：感应（理化阶段）——感性（原始低等生物阶段）——知性（脊椎动物阶段）——理性（人类文明符号化以后）；且在任一后项之中都无一例外地包含着各前项，并以全部前项作为自身的基础和支配项。[1] 相对于理化物质的“感应”和原始低等生物的“感性”，高等动物的感知能力（知性）更具主动性和目的性，代偿转化出了低等动物所没有的“感知欲”。高等动物的“感

[1] 王东岳．物演通论［M］．北京：中信出版社，2015：126.

知欲”与低等动物单纯为了生存的“感知”不同在于，“感知欲”不仅具有智性，而且还具有为感知而感知的特征：高等动物具有与其智力呈正比的“好奇心”——智力越高“好奇心”越强；并且，越是智力高的动物越是难以忍受单调（感知对象的匮乏）。有许多关于低等动物（如小白鼠）的实验表明，一个激发性的环境对健康的机体的发育是很重要的。也就是说，如果不是生活在有适当刺激的环境中，成长中的小白鼠就会患脑萎缩。科学家在对人类的“近亲”猴子的实验中发现，笼中的猴子会不顾一切地抓住几秒的时间向窗外看，你可以从它们的眼神中看出匆忙的神色。同样，在实验室里，人们发现猴子喜欢看运动的东西而不是静止的东西。心理学家们曾做过这样的试验，找几个被试的大学生，除了吃和排泄外，停止他们的一切外部活动。尽管这些大学生们受着高额报酬的鼓励，但他们仍然痛苦难熬，不久便思绪混乱，产生幻觉，大部分被试者只能坚持两三天，最多的也没有超过六天。

竞争·协同

科学家以及相关学者对物质世界竞争性与协同性的研究，首先发端于生物学领域。在生物学领域，竞争性的发现明显早于协同性；并且前者受关注的程度也明显高于后者。历史上两部书籍的出版及其影响力可为例证：达尔文的《物种起源》（1859 年出版，标志着生物竞争性普遍规律已被发现）早于克鲁泡特金（Kropotkin）《互助论》（1902 年出版，标志着协同性开始与竞争性相提并论）的出版近半个世纪；《物种起源》所包含的“物竞天择、适者生存”的思想早已深入人心，而《互助论》却很少有人知晓。至今，竞争性受重视的程度仍然高于协同性。例如，苏联学者高斯（Gause）

1934年就提出了“竞争排斥原理”[1]，而迄今相应的“互补协同原理”[2]尚未被提出。

与对人的协同性研究相比，科学家和相关学者更注重对人的竞争性研究。早在1930年，弗洛伊德就在《文明及其缺憾》中指出：“隐藏在这一切之后的，也是人们不愿意承认的一个真实的因素，是人类不是温和的动物，这种动物需要得到爱，当受到进攻时至多只能够自卫；相反，人类这一动物被认为在其本能的天赋中具有很强大的进攻性。”[3]著名的奥地利动物学家、现代行为学的创始人洛

---

[1] 竞争排斥原理（Competitive Exclusion Principle）又称高斯原理或高斯假说。是不同物种在对同一种短缺资源的竞争中，使一个物种在竞争中被排斥或被取代的现象。苏联学者高斯1934年最早用实验证明：两个相似的物种竞争结果极少能占领相似的生态位，而是以每个物种各占有某些特别的食物，并具有优于其竞争者的生活方式互相取代。高斯的实验是以原生动物双小核草履虫和大草履虫为竞争对手，观察这两个在分类和生态性上都很接近的物种的竞争结果。当分别在酵母介质中培养时，双小核草履虫比大草履虫增长快。当把两种草履虫加入到同一培养容器中时，双小核草履虫占有优势，最后大草履虫死亡、消失。一些由人类导致的外来物种引进的实际案例也证实了高斯的发现。例如，在1900年前后，一种从地中海地区输入美国加利福尼亚南部的黄金蚜小蜂，成为柑橘害虫红圆蚧的有效天敌，而1948年又从中国引入岭南小蜂，经多年竞争，前者几乎被完全排斥。1956—1957年又从印度引入另外一种印巴黄蚜小蜂，到1961年，该小蜂占所有小蜂的94%～96%，而岭南小蜂则被排斥到海滨。“竞争排斥原理”在高等动物中的表现尤为突出，所谓“一山不容二虎”“同行是冤家”“教会徒弟，饿死师傅”“家无二主”“天无二日，民无二主”等都印证了此原理。

[2] 在前面论证“物性示意图”部分，笔者曾依据量子物理“泡利不相容原理”来解释图中的竞争性与协同性。实际上，我们完全可以用“泡利不相容原理”来替代“竞争排斥原理”，因为：①量子物理所揭示的是最根本的物性，它不会因物质的进化或系统的复杂而丧失；②“泡利不相容原理”不仅包含了“竞争排斥原理”，还暗含了尚未被提出的“互补协同原理”。“泡利不相容原理”不仅指出了不能有两个或两个以上的粒子处于完全相同的状态，还指出了在轨道量子数确定的一个原子轨道上最多可容纳两个电子，而这两个电子的自旋方向必须相反。这里，两个电子同在一轨道（协同）且自旋方向相反（互补），恰好体现了“互补协同原理”。我们还可以用更直观、更简单的方式来理解“竞争排斥原理”以及另一个尚未被提出的“互补协同原理”：如果说“竞争排斥原理”印证了“同性相斥”，那么“互补协同原理”则印证了“异性相吸”。这里的“性”，不仅包括高等动物的性别，也包括高等动物的其他需要或功能。

[3] 弗洛伊德. 文明及其缺憾［M］. 合肥：安徽文艺出版社，1987：56.

伦兹（Lorenz）1970 年推出了其专著《攻击与人性》，认为攻击性是一种分布广泛且无法压抑的动物本性，它会自动物体内满溢出来，就像盛装了过量的液体一样，而且它还会寻求各种各样的释放形式。人类有侵犯的遗传本能，侵犯冲动必须得到发泄，于是就有了各种战争、威胁和侵犯行为。各种竞争性的体育活动，如拳击、击剑、摔跤、足球赛等，方式看似平常，但都是为了发泄这种本能。1973 年弗洛姆（Fromm）发表《人类破坏性的剖析》一书，指出人类有一种死亡的直觉，这种直觉导致了罕见的病态侵犯行为。古生物学家迈克尔·博尔特（Michael Boulter）在《灭绝——进化与人类的终结》中说："自从人类出现以来，人类行为的好斗性（由于缺乏线索，我不敢把这称为人类的天性）就一直伴随着我们。"[1] 其实，关于人的竞争本性并不缺乏线索，中国学者张敦福先生在专著《从兽性到人性：人对自身行为的再认识》中就列举了大量的例证。

除了克鲁泡特金的《互助论》，我们几乎找不到专门讨论人的协同本性的专著。不过，关于动物及人的协同本性研究依然存在，而且其科学性和认识的深刻程度远胜于 20 世纪初的克鲁泡特金。比如研究人员通过对猿尤其是黑猩猩（其 97% 的基因与人类相同）长期观察和实验，确证了协同性现象。英国哲学家莱斯利·史蒂文森（Leslie Stevenson）的《人性七论》中，就出现了关于灵长目协同性研究的例证：

在灵长目的交往中，梳理皮毛是一个十分重要的环节。猴子和猿类会不定期地互相梳理对方的皮毛。实际上，灵长目动物互相为对方梳理皮毛的时间大约占它们醒着时间的 20%。这件事表面看来

[1] 迈克尔·博尔特. 灭绝——进化与人类的终结［M］. 北京：中信出版社，2003：10.

很古怪，然而对灵长目动物来说意义却十分重大。经过长期观察和研究，动物行为学家得出这样一个结论：互相梳理皮毛也是一项使群体紧密团结的基本社交行为。对黑猩猩来说，彼此梳理皮毛，是最亲切友好、最具抚慰作用的一种身体接触方式，在行为演进过程中起到了沟通感情的作用。可是灵长目动物之间的相互梳理并不是随意的。一个成年雄性黑猩猩会花大量的时间为一个特定的雌性黑猩猩梳理皮毛，那样它就获得了与这个母猩猩交配的机会，而不会跟其他不熟悉的母猩猩发生性关系。在东南非洲，一个小猴子为伙伴梳理皮毛，是为了当群体里发生争斗时，它们能够站在同一战线上。互相梳理还有助于化解争吵。弗朗斯·德沃尔就曾指出，一场伴随着龇牙咧嘴尖叫的对抗过后，黑猩猩们经常马上热烈地梳理彼此的皮毛。最后，进化过程中出现的相互梳理皮毛，似乎还起到了防止不速之客介入的作用。❶

尽管协同性在目前人性研究中尚没有得到应有的重视，但科学研究成果已经为协同性普遍规律的存在提供了无可辩驳的事实。最有力的证据就是量子纠缠，即某些成双结对的亚原子粒子，即使被分开很远的距离，一方马上会“知道”另一方的情况。粒子有个特性，叫作自旋，根据量子理论，一旦确定一个粒子的自旋，那个“姐妹”粒子马上以相反的方向、相等的速率开始自旋，无论它在多远的地方。现代生物学以及生态学研究发现了大量的协同现象——互惠共生。其中的互惠是指对双方都有利的一种种间关系，但这种关系并没有发展到彼此相依为命的程度，如果解除这种关系双方都能正常生存。蚜虫和蚂蚁是互惠的著名事例，蚂蚁常用触角抚摸蚜虫，让蚜虫把蜜露直接分泌到自己口中，同时，蚂蚁精心保

❶ 莱斯利·史蒂文森．人性七论［M］．北京：国际文化出版社，1988：223.

护蚜虫，驱赶并杀死蚜虫的天敌，有时还把蚜虫衔入巢内加以保护。海葵和寄居蟹是海洋中最常见的互惠关系，海葵固着在寄居蟹的螺壳上，被寄居蟹带来带去，使它能更有效地捕捉食物，而海葵则用有毒的刺细胞为寄居蟹提供保护，使其不易遭受天敌的攻击。此外，犀牛和犀牛鸟、犀牛和斑马、斑马和鸵鸟、蜜獾和蜜鴷鸟、鳄鱼和燕千鸟等都存在互惠关系。共生是物种之间不能分开的一种互利关系，这种互利已经达到了如此密切的程度，以致如果失去一方，另一方也就不能生存。例如，地衣是单细胞藻类和真菌的共生体，真菌的菌丝已深深长入单细胞藻的原生质内，使二者密切结合为一体，以致生物学家已无法把它们区分开来而只能把它看成一种奇妙的生物。组成地衣的真菌和单细胞藻彼此交换养料，共同维持水分和无机盐的平衡，共同抵抗干燥和极端的温度条件，这种密切合作使地衣比任何单一的生物更能适应恶劣的环境，因而成为地球上最顽强的生物。又如，白蚁本身并没有消化纤维素的能力，它之所以能靠吃木材为生全靠生活在它肠内多鞭毛虫的帮助，因为只有靠多鞭毛虫所分泌的纤维素酶才能把最难水解的木材消化为营养素供白蚁利用。那些反刍动物的胃中存在着大量的能够分解植物纤维素的微生物，正是在它们的帮助下，食物才得以被消化掉。假若没有这些细菌的话，动物根本没法消化食物。

基于目前的研究现状以及“物性示意图”的解释，这里提供关于“高等动物本性示意图”中协同与竞争的解释如下。

协同是自组织系统要素或子系统相互依赖的统一现象；而竞争则是自组织系统要素或子系统自我维持的对立现象。无论是“相互依赖”或“自我维持”，其动因只为系统的“存在”（在生物以及高等动物那里是为“生存”）。也就是说，“生存”是所有生物以及高等动物竞争与协同的根本原因。

高等动物的“生存”具体表达为“欲”——“求生欲”“自由欲”和“感知欲”。这三种“欲”所表现出的竞争性与协同性存在强弱差异：“求生欲”最为强烈和显著；其次是“自由欲”；“感知欲”相对较弱且不明显。“感知欲”的强弱与智力的高低相关。因此，人的“感知欲”（包括好奇、模仿、求知、发现、探险、探究、创新等）表现出的竞争性与协同性较其他高等动物明显且强烈。

最激烈的竞争发生在自组织系统的自我维持面临危机之时；而最有力的协同是自组织系统内部的相互依赖或需要。随着存在度的递弱，高等动物为了在危机中自我维持（表达为求生欲和自由欲），时常表现出最激烈的竞争与最有力的协同，并且代偿出了最极端的协同性与竞争性——爱与恨。

爱·恨

古希腊哲学家恩培窦可里斯（Empedocles）认为土、火、水、气四种元素组成世界，而使这些元素聚合、分散的是“爱”与“恨”这两种基本的力量。恩培窦可里斯将吸引称为“爱”，排斥称为“恨”的思想，与“物性示意图”以及“高等动物本性示意图”中所揭示的道理极为相似。我们不得不钦佩这位两千多年前哲人的想象力和思辨能力。不过，“高等动物本性示意图”中的“爱”与“恨”是作为协同与竞争的极端表现被提出的，是用来揭示包括人在内的高等动物先天本性的。

“高等动物本性示意图”中的“爱”与“恨”是高等动物为了自身的稳定衍存，在其“协同”与“竞争”的本性中代偿出的两种截然相反的心理现象。因此，我们须从心理现象“欲”这个角度定义“爱”与“恨”：爱是生物自组织进化至高等动物阶段而出现的极端的协同性——以满足对方的需要为目的的欲望；恨是生物自组织进化至高等动物阶段而出现的极端的竞争性——以剥夺对方的需要为目的的欲望。

弗洛伊德曾经在其后期著作《超越唯乐原则》中这样感叹道：

鉴于目前在关于本能的理论研究中存在着的模糊不清的状况，拒绝可能对于本能问题的研究有所启发的观点，就是不明智的。我们的出发点是，承认生的本能与死的本能之间存在着尖锐的对立。现在，对象爱这个现象本身给我们提供了第二个类似于两极对立的例子，这两极便是爱（或钟爱）和恨（或侵犯）。要是我们能成功地把这两极相互联系起来，并且能从一极导出另一极来，该有多好啊！❶

弗洛伊德的愿望在“高等动物本性示意图”中已经得以实现。不仅如此，弗洛伊德所说的“生的本能”与“死的本能”也找到了合理的解释。弗洛伊德把人的本能划分为生的本能和死的本能两大系统。生的本能是一种表现为个体生命的、发展的和爱欲的本能力量，它代表着潜伏在生命自身中的一种进取性、建设性和创造性的活力。弗洛伊德又把这种本能直接称为爱的本能，他说：“我们所说的性本能里比多相当于诗人和哲学家眼中的那种使一切有生命的事物聚合在一起的爱的本能。”❷与“生的本能”相反，还存在一个死的本能，它是一种破坏的冲动，一种毁坏自己或伤害别人，从而趋向死亡的力，这种死的本能“是有机体生命中固有的一种恢复事物早先状态的冲动”❸。只有最极端的自我维持现象——“恨”才具有

❶ 弗洛伊德．弗洛伊德后期著作选［M］．上海：上海译文出版社，1986：59.
❷ 同❶，55.
❸ 同❶，39.

“死的本能”的特征。

英国哲学家罗素（Russell）在第一次世界大战后通过其《社会改造原理》一书，提出冲动（Impulse）是人类行为的源泉。罗素把人的冲动分为两种：一种，他谓之“占有冲动”，例如追求名利美色之类；另一种，他谓之“创造冲动”，例如科学家、艺术家的创造研究活动以及一切舍己为人的行为。显而易见，“高等动物本性示意图”及其“爱”与“恨”同样可以解释罗素这种与弗洛伊德“生的本能”与“死的本能”相似的观点。

在高等动物中，人的“爱”与“恨”不仅有着更为突出的表现，而且这两种相反的心理现象常常会交织在一起，使人喜怒无常甚至成为莫兰（Morin）笔下放纵的“狂徒”。法国当代思想家莫兰在其《迷失的范式：人性研究》中这样描述道：

我们不能确切地说出是否在智人以前已经出现了微笑、欢笑和眼泪，但很可能为智人所特有的，是快乐和悲伤的强烈性和易变性。欢笑和哭泣是激烈的抽搐的突发性的和震撼性的状态，它们还会会合起来并互相调换：人们含泪而笑，而啜泣可以转变为阵发性的呆笑。智人的孩子表现出其他任何生物的孩子都不可能如此强烈地表现出来的东西：娇嫩性，大哭大叫的令人心碎的悲伤和手舞足蹈的令人惊异的高兴。他突然从失望的号哭过渡到咧嘴大笑。智人成年人虽然能够克制眼泪，隐含笑意，但是欢笑和哭泣的强烈性还是在他身上保持着。应该把这个特点与其他爆发性的心理—感情特点联系起来，它们尤其在关于智人的理性主义文化的人类学中被遗忘掉：这一方面是通向欢乐、陶醉、狂喜的能力，另一方面是通向气忿、愤怒、仇恨的能力。[1]

[1] 莫兰．迷失的范式：人性研究［M］．北京：北京大学出版社，1999：92-93.

在“智人——狂徒”章节的最后，莫兰总结道：“我们再也不能把无序和错误归因于原始人类的天真无知和缺乏能力，以为这种纯朴和无能会逐步被开化后的秩序和文明化的真理所减少。迄今为止实际发生的过程正好相反。我们再也不能把理智和疯狂根本地、抽象地对立起来。我们反而应该在智人严肃的、勤勉的、专心的面孔上加上狂徒的既对立又统一的面孔。人类是狂人加智者。”[1]

无论是东方还是西方，都有用“善”与“恶”解释人性的传统，然而谁也没有把“善”与“恶”的根源说清楚，即便是喜好探赜索隐的西方哲学，依然存在“恶的难题”[2]和那个让康德感到惊奇和震撼的“心中的道德法则”[3]。“高等动物本性示意图”的重要意义在于它不仅很自然（并非故意）地把“善”与“恶”排除在人的本性之外，而且还让我们看清了“善”与“恶”的根源。通常，人们把以满足他人的合理需要为目的的行为称谓“善”，而把剥夺他人的合理需要为目的的行为称为“恶”。虽然，合理与否，不同人群、不同文化、不同历史时期的判断标准不尽相同，然而“善”与“恶”根源一直在那里，而且永远不会改变：没有“爱”也就不存在“善”；无“恨”也就无所谓“恶”(图 6)。

---

❶ 莫兰. 迷失的范式：人性研究［M］. 北京：北京大学出版社，1999：97.

❷ 恶的难题（Problem of Evil）是宗教哲学和神学中如何使邪恶或苦难与全能、全知且全善的神和谐的问题。最初是由古希腊哲学家伊壁鸠鲁提出的一个悖论：如果是上帝想阻止“恶”而阻止不了，那么上帝就是无能的；如果是上帝能阻止“恶”而不愿阻止，那么上帝就是坏的；如果是上帝既不想阻止也阻止不了“恶”，那么上帝就是既无能又坏；如果是上帝既想阻止又能阻止“恶”，那为什么我们的世界充满了“恶”呢？试图解决这一难题的理论称为神义论。

❸ 康德《实践理性批判》（商务印刷馆，2009）结论部分开始的一段话：“有两样东西，我们愈经常愈持久地加以思索，它们就愈使心灵充满日新又新、有加无已的景仰和敬畏，在我之上的星空和居我心中的道德法则。”后人把这段话镌刻在康德的墓碑上。

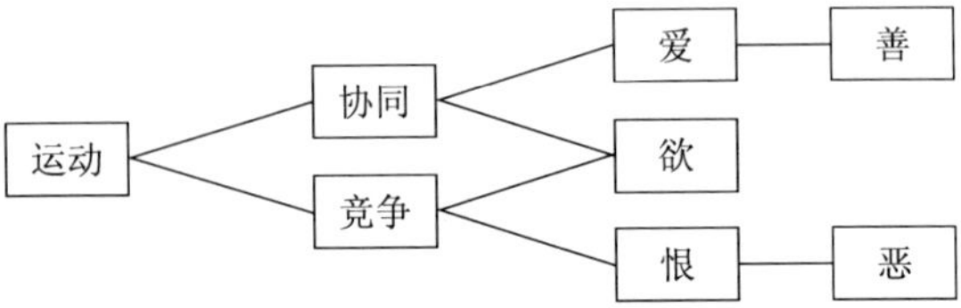

图 6　善恶之源示意图

本节的标题是“人性”，目的是要揭示人的先天本性，然而笔者却一直在谈论“高等动物本性示意图”。这是因为人性中包含了兽性，而兽性中又包含了人性，正如恩格斯所言：“人来源于动物这一事实已经决定人永远不能完全摆脱兽性，所以问题永远只能在于摆脱得多些或少些。”[1] 那么，“高等动物本性示意图”是否就揭示了人的先天本性呢？有两个事实可以肯定地回答这个问题。第一个事实俯拾即是，且经得起恒久的反复验证：婴儿的哭（通常一出生就要表达）与笑，这是竞争性与协同性的“人之初”（没有行为能力、尚不能接受文化熏陶的人）表达。第二个事实来自人类学和心理学的研究成果。

这个来自人类学和心理学的第二个事实仍然侧重于研究竞争性。我们先来看看美国圣迭戈加州大学人类学系权威教授、著名人类学家斯皮罗（Spiro）20 世纪中叶研究以色列合作农庄的发现。

根据可以获得的少量文献，合作农庄运动显然开创了一种新型的人类社会。这个运动抛弃了西方的传统社会结构，开始了一种自愿的、综合的、合作的生活的激进试验。不仅生产工具为集体所有，不仅分配制度建立在社会主义的“各尽所能，各取所需”的原则基础上，甚至孩子们也由社区（并为社区）抚养，而不是在个人

[1] 马克思，恩格斯．马克思恩格斯选集：第 3 卷［M］．北京：人民出版社，1972：140.

家里抚养。他们生活在社区的儿童宿舍里，而不是与他们的父母亲生活在一起。他们由专职保育员和教师抚养，保育员和教师的主要目的是传播合作农庄文化的合作价值观念。那么，如果没有普遍的人性，如果社会行动者的心理特征反映了他们群体从历史上讲是特殊的文化价值的内在化——总而言之，如果个性是文化的缩小形式，如果合作农庄居民的分享与合作的价值观念确实被孩子们所内在化，那就可以指望他们极少表现出竞争或敌对的特性。这至少是指导我在合作农庄实地考察的前提。

对合作农庄的研究结果强烈地——迄今仍持续地——冲击着我对人的印象和对人类学的看法。尽管合作农庄的孩子们在一个完全是社区的和合作的制度里长大，尽管他们的社会化的主要目的是反复灌输一种合作的、没有竞争的伦理，尽管社会化的方法是温和的、充满爱意的和宽容的，尽管目标反应被适当地增强，总之，尽管几乎全部文化条件都无例外地被设计为促进合作和分享，但是资料清楚地表明，合作农庄的儿童和其他儿童一样，并不愿意分享珍贵的和有价值的东西——他们希望这些东西归自己所有，而且抵制成年人要他们分享这些东西的尝试。他们把那些不得不与之分享的人看作对手，他们攻击那些使他们渴望独占（或至少最大限度地占有）这些珍贵东西的愿望受挫的人。尽管他们学会合作，但是他们的合作动机并不导致他们习得的竞争与对抗动机的熄灭。总之，尽管他们学会将攻击行为看成是错误的，但当他们受挫时仍变得愤怒，而他们的愤怒——如不被控制——导致公开的攻击行为。❶

斯皮罗最后得出了如下结论：

根据对以色列合作农庄的研究（和根据我以前研究过、读过、

❶ 斯皮罗. 文化与人性［M］. 北京：社会科学文献出版社，1999：18-19.

考虑过的每一件事)，我逐渐痛苦地得出这样的结论：相信竞争、竞赛、敌对等等在文化上是相对的而非一般人类所共有的，这是一种被误导的、谬误的观念，这种观念由卢梭发明，并被后来的信仰者——真正的信仰者——在高贵的野蛮人中继续扩散。❶

另一个类似的发现来自当今世界暴力行为研究的重要学者理查德·特里姆布雷（Richard Tremblay，加拿大蒙特利尔大学的研究员）。他和其他国家的科学家已经证明，人类从开始呼吸第一口气时，就具有感觉愤怒的能力，一个 4 个月大的婴儿就可以表达他的愤怒。等孩子长到 2 岁的时候，以发脾气为表现形式的暴力行动达到顶峰。据特里姆布雷观察，一个典型的 2 岁的孩子每做 4 个动作，就会有一个带有暴力倾向。研究人员发现，对绝大多数人来说，从 3 岁开始，在整个的一生中，人的暴力程度呈下降之势。据特里姆布雷统计，只有大约 5% 的人在青年时代仍保持着相对稳定的暴力性格。他们是这个社会最危险的一群。

关于爱的研究虽然很少，但一些学者已经认识到人是不能缺乏爱的。比如，美国著名社会心理学家马斯洛（Maslow）就发现爱是人的基本需要，他在《动机与人格》中写道：

所谓心理变态人格是永久丧失爱的需要的另一个例证。根据掌握的很多材料来看，这些人从生命的头几个月开始就缺乏爱的哺育，现在已经永远丧失了爱的需要和给予爱的能力以及接受感情的能力（就像动物因出生后并未立即锻炼而丧失了吸吮或者啄食的反应能力一样）。❷

几乎所有治疗师都承认，当我们对一种神经症追根寻源时，我

❶ 斯皮罗. 文化与人性［M］. 北京：社会科学文献出版社，1999：19.
❷ 马斯洛. 动机与人格［M］. 北京：中国人民大学出版社，2012：35.

们会非常频繁地发现在生命早期时爱的匮乏现象。

也就是说，爱的匮乏会导致疾病。这些疾病，如果尚未达到不可救药的地步，借助于提供给患者的感情和慈爱是可以治愈的，对于儿童尤其如此。

越来越多的证据证实了充满感情的童年生活与健康的成年生活之间的联系。总而言之，可以作这样的概括：爱对于人类的健康发展是一种基本需要。❶

大量的案例使心理学者认识到爱的受挫是心理失调的主要原因。著名的人类学家阿什利·蒙塔古（Ashley Montagu）即指出："现有的绝好的证据使我们相信婴儿不但需要爱，而且想给予爱。婴儿所有的动力都源于接受爱和给予爱这个出发点，如果他得不到爱，他就没有能力给予爱——无论是孩提时代还是长大成人都不能。"❷

爱的演进

通过澄清前提和划定界限，我们依据具备普遍性和必然性的科学理论，最终以"高等动物本性示意图"的方式，合理地揭示了人的先天本性。这个结果是令人兴奋的，而其中最令人兴奋的是，我们在人的本性中发现并证明了自然界最动人心弦、弥足珍贵的现象——爱。

爱是上帝（自然界）最高级别的赐予。有了爱，我们敢于承受任何艰难困苦乃至坦然面对死神；失去了爱，我们便失去了生活下

❶ 马斯洛．动机与人格［M］．北京：中国人民大学出版社，2012：149.

❷ 戈布尔．第三思潮：马斯洛心理学［M］．上海：上海译文出版社，1987：53.

去的信心和勇气。有了爱，一文不名的乞丐会感受到天堂般的幸福；失去了爱，富甲天下的帝王也在经受着地狱般的煎熬。爱是艺术家热情讴歌的主题、宗教许诺的彼岸世界、人类孜孜以求的终极目标。当我们历经千辛万苦的跋涉探索，穿越腥风血雨的历史迷雾，最终证明了古代的先贤圣哲们（佛陀、耶稣、孔子、穆罕默德等）早已发现的爱，就藏在我们的灵魂深处的时候，如何不欣喜万分呢？欣喜之余，我们也应该看到，学者们对于爱的研究少得惊人。正如马斯洛所说："人们有理由指望那些严肃地讨论家庭、婚姻、性生活的作者会把爱作为他们这个任务的一个适当的，甚至基本的部分。但我必须告诉诸位，在我工作的那个图书馆里有关这些主题的书中，竟没有一本严肃地谈到了这个问题。更有甚者，爱这个词，根本没有被编入索引之中。"❶

当我们已经确立了人性中爱的存在，就应该对爱这一现象有更加深入的研究。笔者认为，我们这个时代应该出现《爱的起源与进化》这样的著作，它将有利于化解目前存在的诸多社会矛盾和危机。完成这一专著当然需要丰富的生物学、心理学以及社会学等方面的知识。笔者自知不具备这样的知识储备和精力，之所以敢于论及"爱的起源与进化"，一是兴趣使然，二是希望催生《爱的起源与进化》早日出现。但愿笔者的浅见能为有志于此的专业人士提供一星半点有益的帮助。

爱的探究当从定义开始，只有知道了什么是爱，方能看清爱的起源。在"高等动物示意图"的解释中，爱是生物自组织进化至高等动物阶段而出现的极端的协同性——以满足对方的需要为目的的欲望。换一种具有哲学意味的表达，爱亦可定义为：主体以满足客

❶ 弗兰克·戈布尔. 第三思潮：马斯洛心理学［M］. 上海：上海译文出版社，1987：43.

体的需要为目的的欲望。此定义中的“主体”泛指包括人在内的有知性的动物，也就是那些有大脑的脊椎动物。这里有一个问题需要澄清：像蚂蚁和蜜蜂那样的低等动物存在不利于自己存活和生殖而有利于其他个体存活和生殖的行为，这是不是爱？笔者认为，此类利他行为的确是生物自组织进化出的极端协同现象，但不能把它看作有知性的爱。因为这种现象仅仅出现在社会化高度发达——系统本身已经成为功能完备且不可分割的“生命体”——的昆虫中，个体生物的行为只不过是社会“生命体”内器官或细胞之间的协同现象；我们总不能把动物体内器官或细胞之间的协同也看成主体以满足客体的需要为目的的欲望——爱。

协同性自宇宙创生以来一直存在，而主体以满足客体的需要为目的的协同性——爱，却是生物自组织进化的结果。其进化的直接根源可以追溯到20亿年前出现的生物有性繁殖。也就是说，爱是生物自组织有性繁殖递弱代偿的结果。王东岳先生在《知鱼之乐》中一段有趣描述，基本上把这个递弱代偿过程说清楚了：

单细胞无性裂殖，一分为二，子代刚刚问世，便与亲代别无二致，这不仅是因为它们之间的基因组型100%的相同，不像后来的两性繁殖，子女与父母的基因分别只有50%的承传关系，更重要的在于，此刻的生命，生存效价或生存度极高。它体现在两个方面：一是繁殖能力特强，它们可以每隔20分钟就增殖一倍，如果给予理想条件，只需72小时其体积就会变得比地球还大，这就使得亲代尽可以不必关心子代的成活率高低，也不至于弄得断子绝孙；二是养育过程简单，子代一旦形成，立即具备亲代的全部生活能力，因此它根本不需要亲代的抚养，当然也就谈不上孝敬爹娘的义务，相应地，亲代自然无需什么父性母性之类的东西来催促它们照顾子女。大约只在这个时期，两代之间才可能平等相处，互不干涉，也断不会发生代沟问题的麻烦和困扰。

随着遏止不住的物种进化，卵生鱼类渐成主角。此时两性趋向分裂，隔代之间相貌有别，子女再看父母，已见老态毕现，觉得它们远不像自己那样娇嫩漂亮，但父母看待子女业已生出一丝爱心，所以雄鱼求偶，总得做出能为雌鱼育出后代的样子才行。不过此刻的父性母性仍然很差，它们只管排卵于体外，授精于水中，然后各自扬长而去，至于儿女的死活，那就完全听天由命了。不待说，两代之间能够如此蒙然置之，当然还是由于它们总体上的生存度仍旧偏高所致。再往后，情形就有了明显的不同，爬行类动物虽然还算是体外卵生的物种，但机体的复杂度大为提高，亦即生存度愈益衰减。子代孵化出来，不能直接具备独立的生活能力，这就需要有母性来催发亲代的育后行为过程，也需要子代产生相应的依恋之心，两代之间的亲情从此滋长起来，到这时，倘若谁还敢伤害小恐龙，想来老龙是绝不肯善罢甘休的。及至哺乳动物诞生，情况就显得严峻起来了，儿女的养育先得经过一番体内的怀孕和痛苦的分娩，接着再让母亲用自身分泌的乳汁哺养一段时间，这两个极为麻烦的过程随着物种的进化不断延长，直到断了奶也不能宣告罢休，亲代还得继续辛苦照管子代的生活，教会它们求生的技巧……抚养之劳，不一而足。到了这一步，两代之间的亲情自然越发密切，甚至亲代之间的配对儿也因本能地关心后代养育问题而变得挑剔起来，父性母性由此获得充分发展，以至于生养孩子可能变成有意识的生活目标，只可惜动物们暂时还不会念叨什么“不孝有三，无后为大”之类。[1]

[1] 王东岳. 知鱼之乐［M］. 北京：中信出版社，2015：49-50.

从这段文字中，我们可以抽离出以下两点关于爱的起源的重要信息。

1. 最早出现的爱是性爱和亲子之爱

爱的出现主要由性别分化所造成的亲缘性构合，它最初仅仅表现为比较单纯的异性亲和；而这种亲和最终演进为高等动物的性爱乃至于爱情。最初的有性繁殖不存在亲代对子代的爱，如大多数原始后生无脊椎动物以及某些低等卵生脊索动物，其子代的体质发育相当简单，出生后即可独立生存而无须仰赖亲代之照顾；随着生物自组织的进化和繁殖数量的降低，动物代偿出了亲代保护和抚育子代的现象，如一些无脊椎动物把卵产在安全隐蔽的地点，更进一步还为子代储备必要的食物（如独居的雌性细腰蜂先猎取一只昆虫，将其麻醉后带回事先挖好的洞穴中，然后在猎物体内产一粒卵，再用小石子把洞口封堵）；直到生物自组织进化出脊椎动物，亲子之爱才得以清晰显现，其中的哺乳类和鸟类甚至出现了不惜生命的母爱。

2. 简单生物（单细胞无性裂殖生物）不需要爱，只有有性繁殖的复杂生物才会代偿出爱的需求

体质分化越复杂，孕育难度就越大，相应地，繁殖系数愈益减小，后裔抚养日趋艰辛。所以，最初的多细胞低等动物多为雌雄同体，且主要采用游离配子体外受精的简单方式来增殖，而后进化为雌雄异体的卵生繁育，再后才变为需要极其复杂的生殖器官和生殖系统来支持的胎生哺乳的孕育过程。这里明显表现出同类生物之间的体质依赖性趋于上升的倾向，即异性之间的同代依赖性增加；也表现出亲代抚育、关爱子代以及子代对亲代依赖性的增加。

除了上述两点有价值的信息外，笔者认为还有两个关于爱的信息值得关注和研究。

1. 有性繁殖动物的雌雄双方对性爱和亲子之爱各有偏重

在性爱方面，雄性通常是积极主动的一方。一旦雌雄个体到了一起，往往是雄性的性兴奋水平高于雌性，而且那些求偶行为中激发对方性欲的奇特动作、鲜艳色彩和复杂的声音多来自雄性。

除极少数例外，动物亲代抚育（对子代的保护、照顾和喂养）通常雌性的投入比雄性多。即便在雌雄双方共同承担的亲代抚育中，雌性一方所承担的任务也更重一些。母爱现象在哺乳动物那里表现得尤为突出，这是由于雌性个体有专门为子代发育提供营养的乳腺，因此先天决定着雌性亲代会更多地参与亲代抚育工作。

2. 爱与脑的产生与进化密切相关

有性繁殖只是爱产生的基本条件，许多低等动物的有性繁殖表现出的协同性仅仅是一种条件反射，并非极端的协同性，尚不能称为爱；只有在高等动物（有脑的动物）那里，我们才能观察到性爱、亲子之爱以及更为宽泛的爱，而且随着脑的进化，这种主体以满足客体需要为目的的欲望越来越强烈、浓厚、深沉。就目前所知，第一个真脑出现在古代鱼上，其神经元增加，管壁出现突起，形成大脑最原始的痕迹。真脑的出现，意味着动物不再像低等动物那样仅仅依靠庞大的繁殖数量来维系物种的存在与繁衍，而是开始有了保护后代的需要。鱼的产卵不是随意的，多多少少都有确保后代安全的用意，最显著的是燕鱼在嘴里孵卵，还在嘴里养育、保护幼鱼。这可以说是爱的萌芽。当鱼进化成为两栖类、爬行类，脑也进一步扩大。随着繁殖数量的减少，动物雌雄个体之间的协同演进为情爱，亲代对子代的保护意识以及孕育时间也在增加，比如爬行动物精心选择产卵环境以及产卵后还需要长时间的孵化和保护后代。成双成对的鸟类（它们的爱情和亲子之爱常令人感佩）除了孵化外，还要在较长的时间内喂养和保护雏鸟，尤其是晚成性胚胎的鸟类❶。哺乳动物的爱尤其是母爱比鸟类更为浓厚。脑神经生物学证实，古哺乳动物脑中的边缘系统是“情感中枢”。因为这个中枢的存在，哺乳动物比爬行动物和鸟类更为“有情”，它们在体内孕育新生命直至成形出生，然后用母乳喂养后代，并且在断奶后还要用很长时间来教会后代的生存技能。我们常常被哺乳动物（包括豺狼虎豹）的“舐犊情深”所感动。不过，任何动物的亲子之爱也不能同人类的亲子之爱尤其是母爱相比，母亲用自己的生命孕育、哺育、养育、教育自己的子女；一般动物的母爱只是针对未成熟的子代，而人类的母爱常常是持续终生的。这种深沉、浓郁的爱必然与人类高度发达的大脑有关。科学家们发现，人的大脑有三个层次，最里边的是爬行动物脑；在爬行动物脑的上边是缘脑，这是哺乳动物遗传下来的；而最外层的是新皮层，它是智人进化的产物，是人优越于动物之根本所在。

所谓爱的进化，主要是指爱的程度的加深和爱的范围的扩展。如上所述，爱的程度与脑的进化密切相关。比如鸟类和哺乳类动物亲代对子代的爱可以达到不惜生命的程度，叔本华（Schopenhauer）在其《爱与生的苦恼》中就曾经列举过这类动物的亲子之爱：

---

❶ 生物学根据雏鸟在卵内的发育状况，把鸟分为早成性胚胎和晚成性胚胎两大类：早成性胚胎的鸟在卵内发育较完善，一出卵壳就有自己觅食的能力，如鸡、鸭；而晚成性胚胎的鸟出壳后尚不能离开鸟巢，还需要亲鸟喂养一段时间，如燕子、鹰。据最近的一项古生物研究成果表明，晚成性胚胎的鸟类的出现晚于早成性胚胎的鸟类，即早成性胚胎的鸟类较晚成性胚胎的鸟类更为古老。

——水獭在被追捕时，立即带着子獭沉入水中，当它们为了呼吸而再度浮出水面时，母獭便以身子遮挡及承受猎人的镖箭，以使子獭逃遁。

——捕鲸时，只要先射杀子鲸，就可以把母鲸引诱出来。当子鲸中镖以后，此时，母鲸便立刻赶到子鲸身边，尽管它身上中了许多鱼镖，但是为了孩子的一丝生机，仍是寸步不离子鲸，毫无逃遁之意。

——海豹成群结队地在海岛周围来回游泳，以觅鱼食，但水中有着我们不知名的利害海兽，屡使它们身受重创，所以它们须训练出一套特殊的战术来抵御敌人。当雌海豹产子授乳的七八周间，雄豹就包围在它们的身边，一齐忍饥挨饿，非到子豹防身战术训练精熟，便坚持绝食，定不下海。

——在麻雀及其他的许多鸟类中，当猎人接近它们的巢窝时，母鸟就离枝飞到猎人的跟前，振翅发出噗噗声响，装出羽翅受伤之状，使猎人的注意力从子鸟转移到它身上。云雀则常以己身为诱饵，诱使猎犬远离它的巢穴。

——燕子遇到火灾时，如救子不成，又会飞回正燃烧着的住家中，与雏燕共同赴难。某城市大火灾时，就曾发生过这样的感人事例，火警时，因为雏燕还不会飞翔，母燕始终不肯离开雏燕身侧，终于被火活活烧死了。

——……从母狗的腔中取出胎儿后，那只即濒临死亡的母狗仍会奋力赶到胎儿旁边，予以爱抚，直到被人家夺去后，才开始发出哀恸的哭号，以至死亡。❶

叔本华的例子中没有提及脊椎动物中的鱼类、两栖类和爬行

❶ 叔本华. 爱与生的苦恼［M］. 成都：中国和平出版社，1986：69–71.

类，那是因为鱼类、两栖类和爬行动物的亲子之爱还达不到不惜生命的程度。

另外，高等动物（哺乳类、鸟类）的子代必须获得亲代的爱，因为这种爱（尤其是母爱）的缺失将会对其产生严重的负面影响。20 世纪 50 年代，美国心理学家哈利·哈洛（Harry Harlow）曾用猴子的发展做过实验[1]。实验证实，那些缺失母爱的幼猴长大之后有严重的情绪失调，它们无法融入猴群的社会，与其他猴子沟通有问题，而且一直高度焦虑、具有高侵略性。此后几十年的许多研究都证实，这项结论不仅适用于猴子，对其他哺乳动物和鸟类也同样适用。

笔者“爱与脑的产生与进化密切相关”的观点并非孤立无援，除了能与王东岳先生的观点产生共鸣外，法国当代思想家莫兰在其《迷失的范式：人性研究》一书中也提出过类似的看法，他说：“感情的发展和智力的发展相并而行，我们甚至可以想象它们是相互关联的。”[2]莫兰在书中有一段关于黑猩猩的信息：

在黑猩猩中，依赖母亲的幼年期特别长：4 年。性成熟的征候出现得较晚，在 7 至 8 岁之间。而社会的未成年期还要延续 7 至 8 年。因此依恋、温存和友爱的感情在它们那里显得特别发达。儿子

---

[1] 20 世纪 50 年代，美国心理学家哈利·哈洛（Harry Harlow）曾用猴子的发展做过实验。他在幼猴出生后几小时，就把它们和母猴分开，各自关在独立的笼子里，由两只假母猴来负责哺育。每个笼子有两只假母猴，一只使用铁丝材质，上面有可供幼猴吸吮的奶瓶；另一只使用木材，再铺上布，模仿真实母猴的样貌，但除此之外无法提供幼猴任何实质帮助。这样一来，理论上幼猴似乎应该会依附着提供食物营养的金属猴，而不是什么都不做的布猴。但没想到，幼猴显然比较爱的是布猴，多半时间都紧抱不放。如果两只假猴子放得够近，幼猴甚至是紧抱着布猴，只是把头伸去金属猴那边吸奶。追踪研究发现，这些猴子孤儿虽然得到了所有必需的营养，长大之后却有严重的情绪失调。它们无法融入猴群的社会，与其他猴子沟通有问题，而且一直高度焦虑、具有高侵略性。

[2] 莫兰. 迷失的范式：人性研究［M］. 北京：北京大学出版社，1999：32.

长久保持着与母亲的特殊关系，也许直到母亲去世。一起长大的兄弟姐妹终生保持着友好关系。黑猩猩还把温存的行为移植到青少年友谊的范围中：拥抱，原始的亲吻（lips-smacking）。它们的手也像人的手一样是一种传达感情的工具（这点常常被人们忽略）：抚摸，握手；我们甚至看到两个年轻的猩猩手挽手地去散步。❶

黑猩猩是现存灵长类动物中最接近人的动物。在以上信息中，我们看到了黑猩猩的爱已经扩展到对亲代（母亲）、兄弟姐妹以及朋友之间。实际上，黑猩猩以及其他大脑发达的哺乳动物的爱已经超出了同类，如黑猩猩把猫当宠物、猴子养育小狗、狗哺育猫、狼哺育人等诸如此类的高等动物爱其他物种的现象。随着脑的进化，高等动物中的人终于出现了对工具和创造物的爱、对知识和真理的爱、对民族和国家的爱、对人类和天下的爱，直至爱的最高境界——博爱！

以上关于爱的认识是依据科学理论并通过思辨得到的。不过，还有另一种更为简单的关于爱的认识，它同样依据科学：有人认为，爱是一种药物，它包含几种化学物质，其中有多巴安（它让我们感觉到世界的美好，对陌生人微笑）、肾上腺素、催产素。由此，笔者想到了两个有趣的问题：

①如果把这种药物注入没有大脑的低等动物体内，它能产生那种以满足对方的需要为目的的欲望吗？

②人类也许可以创造出比自己聪明的机器人，但能否造出懂得爱、需要爱并能付出爱的机器人呢？

这两个问题还是留给亲爱的读者和那位有心写出《爱的起源与

❶ 莫兰．迷失的范式：人性研究［M］．北京：北京大学出版社，1999：31．

进化》的敬爱的作者来回答吧。

两个区别

论证至此，我们已经通过“物性示意图”看清了人与万物共有的先天本性，并进一步通过“高等动物本性示意图”看清了人与其他高等动物共有的先天本性。然而人性问题并没有就此完结，因为我们还没有看清人与其他高等动物以及智人与猿人的关键区别。这“关键区别”应当是人之为人最不可或缺的需要，是人区别于其他高等动物乃至作为智人的我们区别于猿人的本质。

中国学者根据体质形态的发展，把完全形成的人分为猿人和智人两大类。其中，猿人细分为早期猿人（生存于距今约 377 万年至 180 万年前，以非洲的能人为代表）和晚期猿人（生存于距今约 150 万年至 20 万年前，包括“爪哇人”“蓝田人”“北京人”“海德堡人”等）；智人又细分为早期智人（生存于距今 20 多万年前，包括“尼安德特人”“丁村人”“大荔人”“马贝人”“许家窑人”等）和晚期智人（生活在 5 万年至 1 万年前的古人类，包括“克罗马农人”“山顶洞人”等，现代人也属于晚期智人的一种）。这个分类是严谨的，它并没有把南方古猿列入完全形成的人类之列。南方古猿虽然在生物学分类中与人同属于人亚科，但除了具有两足行走的习性外，其他方面都与大猩猩亚科（大猩猩、黑猩猩）相似（其脑量与猿相同，均在 400 ～ 500 毫升之间）。此外，这也是一个符合辩证思维的分类，它既具有整体宏观的简约性（便于综合理解），又避免了绝对化和简单化（兼顾了不同类型之间的联系和过渡）。

以下，笔者将依据中国学者的分类来探讨人与其他动物的本质区别，以及智人与猿人的本质区别。

人与其他动物的本质区别

区别是比较的结果，而比较本身也有区别：相似物之间的比较难于非相似物之间的比较；相似物之间的比较通常更有价值也更加精准。在人与动物的比较中，我们选择猿人代表人的一方，因为他们是身上还保留着一些南方古猿属性的完全形成的人；在动物一方，我们选择猿（包括现存的大猩猩亚科和曾经存在的南方古猿），因为它们是与人相似度最高的人科动物。生物学的分类也须通过比较找出物种之间的区别，例如生物学已经从解剖形状上找到了一系列关于人与猿的区别：

①在人猿超科中，只有人适应于完全的直立姿势和仅仅用两足行走。直立行走使人手从行走中解放出来，成为劳动器官。

②人的脑容量在灵长目动物中是最大的。猿的脑容量约为400～500毫升，而人的脑容量平均为1350毫升，为猿的3倍。脑量大使人成为地球上最卓越的动物，但这也导致人的胎儿必须提前到脑容量为成年人的1/3时出生，才能顺利通过骨盆的开口。而猿无须提前出生（猿新生儿的脑容量大约为成年猿的一半），它们出生时不像人的新生儿那样毫无自助能力。

③猿和其他哺乳动物的喉位于喉咙的高处，而人的喉在喉咙中的位置却低得多。因此，人有一个长而大的声道，加上人的舌头在口腔内比较灵活等因素，人可以发出50种音素而猿只能发出12种音素。

④人有一个较短的消化道……

与以上生物学比较的目的不同，我们比较的目的是要探寻出人之为人最不可或缺的需要，或者说要在所以有的区别中找出最本质的区别。“会不会制造工具”或者“能思考和有自我意识”就是目前较有代表性的此类区别。然而，科学家经过长期观察发现黑猩猩也能制造简单的工具。例如，黑猩猩可以将一个柔软的枝条，捋去叶子，插入白蚁巢穴中“钓”白蚁；它还可以将一团树叶揉碎，用来吸取水分等。科学家经过试验还发现，黑猩猩对着镜子最终能认识到镜中的黑猩猩就是自己；它还能学会一定数量的人类手语。因此，著名的黑猩猩研究专家古德尔（Goodall）曾说：“我们不是这个星球上唯一有意识和理智的动物。”

我们有理由对以上两个区别存疑，但“会不会制造工具”作为人与其他动物的区别仍然有其存在的道理。因为考古学家正是以“工具的制作和使用”作为判断远古人类的标准；而且，这里的工具主要是指用石头打击石头而制成的石器工具——用工具制成的工具，而非天然工具或如黑猩猩徒手制成的简单工具。在笔者看来，无论是“会不会制造工具”或“工具的制作和使用”，作为人与其他动物的区别都缺少一个关键词——保留；也就是说，“制造并保留工具”才是人与其他动物的本质区别。理由如下。

①其他动物没有保留工具的需要。有些人亚科以外的动物会使用天然工具，人科动物中的黑猩猩还会制作并使用简单工具。然而，我们从来没有发现人亚科以外的其他动物有保留工具的现象，即便是黑猩猩制成的简单工具，待其用完后也会被弃之不顾。这种现象表明工具并非这些动物不可或缺的需要，也表明这些动物的智力水平尚达不到保留工具的程度。

②南方古猿具备制作石器工具的条件。制作石器等较复杂的工具需要灵巧的双手；而灵巧双手的出现必须以二足直立行走为前提，如此才能使手从行走中解放出来，成为劳动的器官。因此，二足行走就成为是否为人亚科的判断标准。在人类出现之前，地球上

曾经存在过与人同属人亚科的南方古猿。它们已经是二足行走的动物，而且其双手远比人猿超科中的猩猩灵活。手被解放出来的南方古猿，必然朝着制造石器工具的方向发展；事实上，考古学家已经在发现南方古猿粗壮种的地方发现了石器工具。只是南方古猿的脑容量与猿相同；而且南方古猿身上还有许多适于攀援的性状，其直立行走的灵活性是有限的，不适宜奔跑和长途跋涉。因此，南方古猿极有可能同黑猩猩一样，没有保留工具的需要。需要引起注意的是，如果南方古猿也能制作石器工具，那么“会不会制造工具”或“工具的制作和使用”是不能严格将人与其他动物区分开的。

③工具是猿人不可或缺的需要。在保留粗壮南方古猿也有制造石器的可能性的同时，人类学家认为，能人是最早的并且在人类进化过程中有重要意义的石器制造者。他不仅有一个比较发达的大拇指，而且其脑容量和南方古猿比已经显著扩大，达 680 毫升，比南方古猿大出 50%。他的臼齿比粗壮南方古猿小，能人是杂食者。人科动物进化到直立人才最终离开了热带森林这个传统的庇护所。人们将以图尔卡纳小孩为代表的东非直立人重新命名为匠人；而将直立人专指分布于东亚和东南亚的与之相似的化石人类，其著名的代表就是“北京人”。在能人以及匠人 / 直立人那里，石器主要是作为屠宰工具被制造和使用的。在匠人 / 直立人的食谱里，肉食的分量已经显著地增加了。脑是最消耗能量的器官，肉食是热量和蛋白质最富集的食物，只有在食物中大大提高了肉食的比例，猿人才能形成超过南方古猿的脑量。肉食成为猿人食物中不可或缺的成分，意味着猿人必须在食肉动物的生态位中占据一席之地，这对于早期人属是一种富有挑战性的事件。当人类完全地离开森林，面对广阔草原时，人类体质上软弱的一面更加凸显出来：人没有锐利的

尖牙和爪，行走的速度显著低于四足动物，既逃脱不了食肉动物的追捕，又追赶不上食植动物。这时人自身天然装备不够用了，而不得不更多地依靠不断发展的工具；工具由此成为人不可或缺的需要。

其他动物和南方古猿无须保留工具，那是因为工具对于它们并非不可或缺，或者在其领地得到工具只是举手之劳。而走出森林与其他肉食动物争食的猿人必须携带趁手的工具（这样的工具得之不易，往往需要精心打造）。工具使猿人能获取更多的肉食，由此猿人的脑量得以增加；脑量——智力的增加又使猿人的爱扩展到了工具（保留工具）；而制造并保留工具，最终使羸弱的人类成为凌驾于其他所有动物之上的强者。因此，人与其他动物的本质区别在于人是制造并保留工具的动物。

智人与猿人的本质区别

人类学家把脑容量 130 毫升作为智人与匠人 / 直立人之间的界河。本书所说的智人均指脑容量到达这个标准的人类，包括尼安德特人、现代人等。那么，除了脑容量等体质区别外，智人与猿人有何本质区别呢？

智人的出现得益于猿人的不断进化，尤其是匠人 / 直立人阶段若干个意义重大的第一次：第一次按规制来制造工具；第一次主动狩猎大型食草动物；第一次出现家庭基地或营地；第一次使用火；第一次显示出有漫长的童年；第一次走出非洲。然而，在整个旧石器时代早期石器技术长期处于停滞不前的状态，直到旧石器时代中、后期智人的出现，技术革新的速度才得以加快。大约在 20 万年前出现了勒瓦娄锡技术（Levallois）。这种技术先对石核进行加工，第一步打出一个微凹的平面，再在平面的一端敲出一个台面，然后打击台面，打出成型的石器。与阿舍利技术[1]相比，用同样数量的燧石，勒瓦娄锡技术可以打出切割刃边更长的石器。创造了莫斯特文化的尼安德特人改进了勒瓦娄锡技术（从一块石核可取得更多的石片，然后对这些石片再精细地加工修整），其石器工具多达60多种，包括刨木用的凹口石片和许多种可装在木棒上做成矛的尖状器。4万年前智人又创造了石叶技术，它比勒瓦娄锡技术更先进，从同样大小的石块打制出可用的刃口，是勒瓦娄锡技术的10倍。这时的骨器也有了很大的发展，包括矛、投枪、鱼叉、鱼钩及有眼的针等。这时的工具种类多达100多种，使智人一跃而居于食物链的顶端。同样是制造工具，为什么猿人几百万年里技术进步微乎其微，而智人的工具和技术20万年内会涌现出如此之多的变化？这其中必然隐含着智人与猿人的本质区别。

要判断智人与猿人的本质区别，我们应当把注意力从工具转向智人所独有的另一类创造——小雕像、洞穴画、身体饰物等艺术。过去认为此类艺术仅仅出现在旧石器时代晚期，为晚期智人所创造，现在这个界限已被突破。例如，在法国甘塞（Quincay）的尼安德特人遗址中就发现了一组穿孔的兽牙组成的饰物；2018年英国的南安普顿大学（University of Southampton）、德国的马克斯·普朗克研究所（Max Planck Institute）、西班牙的巴塞罗那大学（University of Barcelona）以及其他研究小组利用最新的铀钍测年法（uranium-thorium dating）测定西班牙的一些古老的洞穴壁画是由尼安德特人创造的。雕像、洞穴画、精美的装饰品在晚期智人的遗址中更是屡

[1] 阿舍利石器文化是旧石器文化中的一个阶段，距今170万年至20万年间，因最早发现与法国亚眠市郊的圣阿舍尔而得名。它的一个集中体现，就是左右对称的石器，多类型组合，例如：手斧、手镐、薄刃斧、砍砸器、大型石刀等。

见不鲜，考古发现证明他们能用笛子和哨子来吹奏音乐。艺术（音乐、舞蹈、绘画等）不仅是智人独有的创造，也成为智人不可或缺的需要。进化（自组织演进中的递弱代偿）使这种需要成为智人的本能，作为晚期智人的现代人，我们自身就已经证明了艺术本能的存在：襁褓中的婴儿就能感知音乐；2～3岁的儿童听到音乐会不由自主地随着音乐手舞足蹈；2岁左右的儿童会经历涂鸦期；所有的现代人即便是最原始的部落族人，必有艺术相伴。这些现象是其他动物所没有的；考古发现也显示猿人没有上述艺术，至少可以证明艺术并非猿人不可或缺的需要。如果说工具是人类生存不可或缺的物质需求，那么艺术就是智人不可或缺的精神需求。因此，我们很容易得出这样的判断：智人是艺术的动物，智人与猿人的本质区别在于是否有艺术。

艺术对于智人意味着什么呢？意味着想象力。想象力即形象思维加联想的能力。没有想象力就不会生成艺术；而拥有了想象力的人类才真正拥有了无限的创造力。爱因斯坦曾经留下关于想象力的经典表述："想象力比知识更重要，因为知识是有限的，而想象力概括着世界的一切，推动着进步，并且是知识进化的源泉。严格地说，想象力是科学研究中的实在因素。"正是想象力推动爱因斯坦贡献出划时代的狭义相对论和广义相对论。另一位犹太人尤瓦尔·赫拉利也发现了想象力的重要性。尤瓦尔·赫拉利把智人获得的这一特性称为"认知革命"，他在其著作《人类简史：从动物到上帝》中这样写道：

人类语言真正最独特的功能，并不在于能够传达关于人或狮子的信息，而是能够传达关于一些根本不存在的事物的信息。据我们所知，只有智人能够表达关于从来没有看过、碰过、耳闻过的事物，而且讲得煞有其事。

在认知革命之后，传说、神话、神以及宗教也应运而生。不论是人类还是许多动物，都能大喊："小心！有狮子！"但在认知革命之后，智人就能够说出："狮子是我们部落的守护神。""讨论虚构的事物"正是智人语言最独特的功能。❶

在尤瓦尔·赫拉利看来，认知革命之前的人类演变是由基因突变决定的（如200万年前的基因突变产生了直立人并发展出新的石器工具，但只要直立人没有进一步的基因改变，他们的石器就维持不变）而在认知革命之后，人类走向了飞速发展的文化演变之路。他指出：

通过文字创造出想象的现实，就能让大批互不相识的人有效合作，而且效果还不只如此。正由于大规模的人类合作是以虚构的故事作为基础，只要改变所讲的故事，就能改变人类合作的方式。只要在对的情境之下，这些故事就能迅速改变。例如在1789年，法国人几乎是在一夕之间，相信的故事就从"天赋君权"转成"人民做主"。因此，自从认知革命之后，智人就能依据不断变化的需求迅速调整行为。这等于开启了一条采用"文化演化"的快速道路，而不再停留在"基因演化"这条总是堵车的道路上。走上这条快速道路之后，智人合作的能力一日千里，很快就远远甩掉了其他所有人类和动物物种。❷

这位睿智的犹太人还提到了贸易、金钱与想象的关系：

---

❶ 尤瓦尔·赫拉利. 人类简史：从动物到上帝［M］. 北京：中信出版社，2017：25.

❷ 同❶，34.

乍看之下，可能觉得贸易这件事再实际不过，并不需要什么虚构的故事当作基础。然而，事实就是所有动物只有智人能够进行贸易，而所有我们有详细证据证明存在的贸易网络都明显以虚构故事为基础。例如，如果没有信任，就不可能有贸易，而要相信陌生人又是件很困难的事。今天之所以能有全球贸易网络，正是因为我们相信着一些虚拟实体，像是美元、联邦储备银行，还有企业的商标。而在部落社会里，如果两个陌生人想要交易，往往也得先借助共同的神明、传说中的祖先或图腾动物建立信任。❶

不管是贝壳还是美元，它们的价值都只存在于我们共同的想象之中。光是它们的化学结构、颜色或是形状，并无法带来那些价值。换句话说，金钱并不是物质上的现实，而只是心理上的想象。❷

还有一位更了不起的犹太人马克思早在《资本论》第一卷中就曾精辟地指出，建筑师所建造的房子与蜜蜂所筑的蜂房之间的差别是，建筑师在房子成形之前有一个“计划”，而这个计划正是服务于其愿望的想象力的结果。蜜蜂除了建造蜂房，别无选择。而我们则可以建造房屋、宫殿、茅屋、精美的别墅，以及其他五花八门的建筑。

有人认为能够进行逻辑推理是智人的特质，但如果没有形象思维加联想——想象力，如何进行逻辑推理？正如休谟（Hume）所说，人类靠联想把不连续性的现象联系起来。实际上，我们看到的因果性不过是人类主观的习惯性联想。德国哲学家、文化哲学的创

❶ 尤瓦尔·赫拉利. 人类简史：从动物到上帝［M］. 北京：中信出版社，2017：36.

❷ 同❶，175.

始人卡西尔（Cassirer）认为，人类是一种使用符号的动物。什么是符号？这是一种用来表达一种观念、一种情绪、一种欲望和一种社会形式的信号。然而，无论符号表达什么信号，离开了想象力，符号便无效！在西班牙当代哲学家萨瓦特尔（Savater）看来，人类的语言（无论哪一种语言）与所谓的动物语言之间的差别，比起人类在生理上与其他灵长类动物或哺乳动物之间的差别要深刻得多。而他同时又指出，人类语言的本质特征是用来表达我们想要表达的，使那些不存在或者尚未开始存在的东西，甚至是那些根本不可能存在的东西具有了意义[1]。萨瓦特尔关于人类语言特征的观点与前面提到的尤瓦尔·赫拉利的观点不谋而合。

由以上可知，想象力是人类文化演变的前提和文明进步的推动力，因为想象力意味着创造力。智人之“智”在于其具有非凡的创造力，或者说拥有想象力的人类才是智人。如何判断人类是否拥有了想象力呢？现有的考古发现以及我们自身的证据都将判据指向了艺术。我们无法确知人类何时拥有了想象力，但可以判定它与艺术同时发生并伴随艺术活动不断增强和提升。艺术及想象力不是凭空出现的，其根源应是高等动物特有的感知欲。感知欲有别于求生欲，它导致高等动物出现直接求生行为以外的行为，如高等动物的游戏行为。当然，高等动物的游戏行为也是间接的求生行为，如幼兽通过游戏提高其捕食技能。在笔者看来，艺术是智人满足精神需求的游戏行为，它同样有别于直接的求生行为；智人的这种游戏须臾离不开想象，因此也可以说，艺术是智人想象力的游戏。在艺术活动中，人类的想象力得到不断提升，最终使智人成为雄踞于食物链顶端的“万物之灵”。

英国古生物学家福提（Fortey）在其著作《生命简史》中提到过

[1] 萨瓦特尔．哲学的邀请［M］．北京：北京大学出版社，2014．

这样一个现象：

……奇怪的是，在人类的神经系统中负责音乐的中枢神经与负责其他认知活动的中枢神经不同，它能够独立地发挥作用［语言心理学家奥地利弗萨克斯（Oliver Scarlatti）曾经调查记录过一个脑部受伤的人，他无法分辨他的妻子和一顶帽子，但依然能够演奏肖邦和斯卡拉蒂的乐曲］。这真是太神奇了，视乎人类生来就有歌唱的欲望。❶

这一现象说明什么？说明岁月早已将音乐、舞蹈这种游戏活动固化为智人的天性或本能。此外，这一现象还说明音乐、舞蹈先于美术（绘画、雕塑等）成为智人的天性。科学家已在黑猩猩的“狂欢”中发现了节奏和舞蹈的端倪，这在一定程度上也能证明人类音乐天赋的出现应该早于美术天赋。绘画、雕塑的出现可以看作智人想象力的又一次飞跃。我们现代人不过是所有智人中艺术天赋最高、最具想象力的人类。

综上所述，我们的结论是：智人与猿人的最本质区别在于是否有狭义的艺术（想象力）；智人是艺术的动物——拥有想象力的人类才是智人。这个结论之所以冠以“我们的”，那是因为当代法国思想家莫兰也有相似的看法。在莫兰的著作《迷失的范式：人性研究》中，笔者看到了这样一句话：

长期以来人们只限于在这些现象（指原始绘画）中欣赏艺术的诞生，而不是在这里面看到人类的第二次诞生，即智人的诞生。❷

还有一句关于人性的名言值得我们反思，那就是两百多年前

❶ 福提．生命简史［M］．北京：中央编译出版社，2009：429-430.

❷ 莫兰．迷失的范式：人性研究［M］．北京：北京大学出版社，1999：85.

席勒（Schiller）所说的："只有当人在充分意义上是人的时候，他才游戏；只有当人游戏的时候，他才是完整的人。"❶ 如果把智人排除在外，席勒的这句话并没有错，因为包括人在内的高等动物都需要游戏。但智人的游戏不同于一般高等动物的游戏，它是需要想象力参与的高级游戏——艺术的游戏。因此，在本篇"智人与猿人的区别"部分的最后，我们有必要把席勒的这句名言稍作修改如下：

只有当人在充分意义上是智人的时候，他才有艺术；只有当人有艺术需求的时候，他才是完全的智人。

以上是"科学人性论"的全部内容。这个理论以"人是物"为逻辑起点，借助协同学、量子力学等当代科学，探寻出万物共性（见"物性示意图"及其所包含的思维成果）；进而依据万物共性揭示了人的先天本性（见"高等动物本性示意图"及其所包含的思维成果）；最后又论证了人与动物的关键区别（制造并保留工具）以及智人与猿人的关键区别（艺术或想象力的出现）。至此，我们清晰地看到了人与万物共有的性质、人与高等动物共有的先天本性、人不同于其他动物的特性以及智人不同于猿人的特性。

人性问题无疑是迄今最复杂、最重要的学术问题。按照王东岳先生的说法："所谓'哲学'或一切'哲学性的追询'，归根结底是要为'人的本质'或'人性的本质'这一核心问题提供答案。"❷ 如此复杂的问题，"科学人性论"仅用了两个示意图和两个区别来加以解决，并且获得了一系列衍生成果。因此，我们完全可以说"科

❶ 席勒．美育书简［M］．北京：社会科学出版社，2016：111.

❷ 王东岳．物演通论［M］．北京：中信出版社，2015：492–493.

学人性论”是一个符合马赫思维经济原则[1]的理论，它做到了用尽可能少的劳动，尽可能少的思维消耗，尽可能简单的方法，尽可能短的时间，对事实做出尽可能完善的陈述，获得尽可能多的思维成果。

[1] 思维经济原则亦称“费力最小原则”。此原则首先由马赫在《功的守恒定律的历史和根源》（1871）中提出，认为“思维经济是科学的主要任务”；思维经济原则就是“事实的经济陈述”，即人们在思维中摸索事实时，只摸索其中对我们比较重要的那些方面。阿芬那留斯在《哲学是按费力最小的原则对世界的思维》（1876）中作了进一步阐述。认为在进行哲学思维时要运用一个最经济、费力最小、最简单而又能说明一切问题的原则，哲学就是“按费力最小的原则对世界的思维”。

验证篇

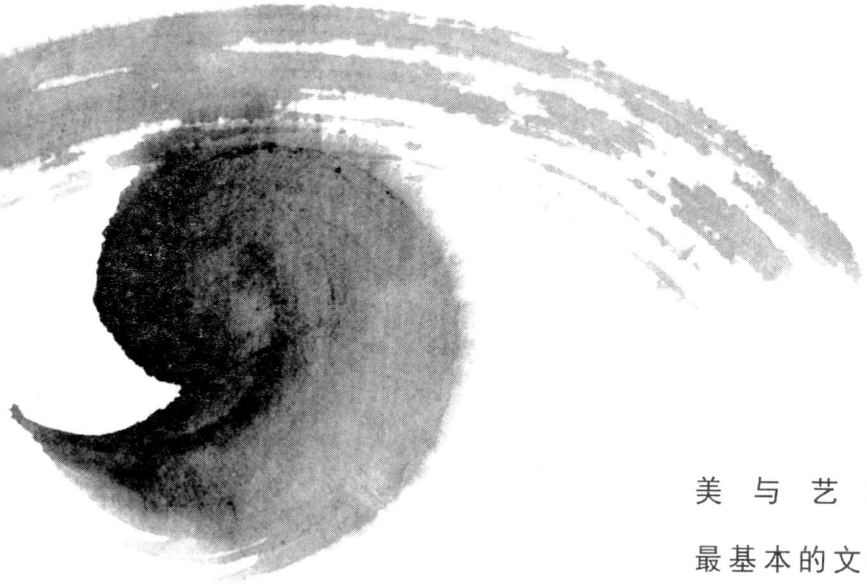

美 与 艺 术

最基本的文化

亟待重视的美育

本篇将展现“科学人性论”的部分有效性：解决“美和艺术是什么?”的难题，并提出基于人性的艺术原理；厘清最基本的文化以及公共文化服务最基本的内容；指出当前中国基础教育的症结所在。

真理就是有效的。

——威廉·詹姆斯

美国哲学家、心理学家威廉·詹姆斯（William James）认为，真理只是能产生实效的东西，只是能对人类生活产生有益影响的东西。上一篇“科学人性论”的论证说明其内容是逻辑推演的必然，绝非笔者茶余饭后的杜撰。既然可以被推演和论证，“科学人性论”的出现就是迟早的事，笔者只是一个幸运的发现者。笔者之所以把“科学人性论”喻为“美玉”并不辞辛苦地“献玉”，那是因为这块“美玉”已经在笔者的学术研究中产生了实效，并由此相信“科学人性论”一定会在人文社会科学领域发挥更为广泛的重要作用。

本篇的目的是要用实际研究案例来验证“科学人性论”（包括“前提篇”的思想成果）是“有效的真理”。然而，囿于笔者的学识、专业、兴趣和工作经历，所举案例仅限于美与艺术、公共文化服务、美育的价值这三个方面。不过，这三个方面的验证足可“窥一斑而知全豹”了。

美与艺术

美（Beauty）与艺术（Art）存在天然的关联，谈论美不能不涉及艺术，要阐明艺术则必须先阐明美。而如何阐明美和艺术却是两个公认的难题，其中“美是什么?”还是一个哲学难题；一些知名的专家甚至认定这是两个无解和没有意义的问题。本书的序（献玉）中已经提到，笔者当初正是因为要追问“美是什么?”和“艺术是什么?”才不得不探究人性问题。而当人性问题已经有了确切的答案,“美和艺术是什么?”的问题是否就能顺理成章地得以解决呢?答案是肯定的,至少笔者已经做到了可以直接、确切、有理有据地为艺术专业的学生解答这两个问题。

最早讨论“美是什么?”的文献是古希腊哲学家柏拉图的《大希庇阿斯篇》。在这篇对话中,柏拉图试图对美加以界说,把美和美的东西作了严格的区分。对话的参与者有柏拉图的老师苏格拉底和智者希庇阿斯,他们都想阐明美的本质。双方历数了诸如适当、有用、有益、善以及由视觉和听觉产生的快感等定义,发现它们终不能穷尽美的本质问题,于是,苏格拉底不得不以“美是难的”这句谚语来自慰。尽管“美是难的”,但历史上仍然有知难而上的人,他们为后人留下了关于美的不同定义。但是直到100多年前,集美学家和美学史家于一身的鲍桑葵(Bosanquet)还是这样说道:“到目前为止,我们还不能说有哪一个美的定义得到举世公认。”[1]这句话仍然适用于100多年后的今天,我们至今也没有公认的关于美的定义。到了20世纪,特别是70年代以后,西方现代美学出现了一种新的学术势态,许多美学家再也不像以往那样热衷于探讨美和艺术的本质问题,甚至否定美能够被认识,因而给美下定义也就不再必要了。英国学者理查兹(Richards)和奥格登(Ogden)在《意义的意义》中写道:

许多聪明人事实上已放弃了美学的冥思,对有关艺术性质或对象的讨论不再感兴趣,因为他觉得,几乎不存在达到任何明确结论的可能性。就是物是美的这类判断而言,权威们在作判断方面似乎有如此巨大的分歧,这种时候,他们也同意,没有什么方法可以认识他们要取得一致的是什么东西。

[1] 鲍桑葵. 美学史[M]. 桂林:广西师范大学出版社,2001:3.

他们所说的美实际上指什么呢？鲍桑葵教授和桑塔耶那博士，克罗齐和克莱夫·贝尔，更不必提罗斯金和托尔斯泰，每个人都以他自己的方式，教条的、热情的和大部头的，每个人都同样留下他自己的，同其前辈结论不相干的结论。❶

英国美学家哈罗德·奥斯本（Harold Osbome）在《美学与艺术理论》一书的最后一章《20世纪的美学》中，介绍"分析哲学"时曾经这样总结道：

近30年来，从属于语言学派或者分析学派的哲学家们的美学著作中所表现出来的最明显的特征，或许就是否认美学的系统性，以及对给一些关键性的词汇譬如"艺术"或"美"等下定义的必要性和价值所采取的多少有点武断的怀疑态度。❷

20世纪最有影响力的哲学家维特根斯坦（Wittgenstein）曾经说过："凡是可以说的东西，都可以明白地说，凡是不可说的东西，则必须对之沉默。"❸在笔者看来，美和艺术是可以说的东西，而非"宇宙大爆炸之前""宇宙之外"或者"神""鬼"之类必须对之沉默的东西。美和艺术是因人而存在的现象，我们每天都在感受着美并创造着美。因此，当我们已经明白地说了人性问题，就一定能把美和艺术的问题说明白。

美的定义

英国美学家克莱夫·贝尔（Clive Bell）在其著作《艺术》中曾

❶ 蒋孔阳．二十世纪西方美学名著选［M］．上海：复旦大学出版社，1987：373.
❷ 蒋孔阳．美学与艺术评论：第2集［M］．上海：复旦大学出版社，1985：441.
❸ 维特根斯坦全集［M］．石家庄：河北教育出版社，2003：187.

经用了一个“有意味的形式”（Significant Form）的概念，以便于区别广义的美（Beauty）。在贝尔看来，原来那个“美”用得太多、太滥、太俗，这个概念就其内涵来说，覆盖面太宽，它可以指艺术中的美，也可以指自然界中的美，还可以指人的社会生活、精神领域里的美（如精神品格高尚范畴的那种崇高境界和道德美），心里产生快感意义上的愉悦之美，压抑的情感得以宣泄之后，情感得到新的昂扬振奋之后的心理平衡之美等。这里需要指出的是，本篇所讨论的正是广义的美，它包含了克莱夫·贝尔的“有意味的形式”。

在柏拉图的《大希庇阿斯篇》中，苏格拉底向希庇阿斯提出一个问题：“美本身究竟是什么？”对此，希庇阿斯提供了诸如漂亮的小姐、漂亮的母马、漂亮的汤罐等例证来回答“美是什么”的问题，并坚信：“对于一切人，无论古今，一个凡人所能有的最高的美就是家里钱多，身体好，全希腊人都尊敬，长命到老，自己替父母举行过隆重的丧礼，死后又由子女替自己举行隆重的丧礼。”而苏格拉底则认为在所有事物中知识（智慧）是最美的，无知是最丑的。从希庇阿斯所提供的例证中可以看出，他是把诸多没有什么相似性的美的东西集在一起来考虑和回答美的本质问题。对此，柏拉图通过苏格拉底之口表达了自己对美的理解。他反对希庇阿斯的求解方式，一再说他所要探讨的不是“什么东西是美的？”而是“什么是美？”并由此表明了美的问题性质：“我问的是美本身，这美本身，加到任何一件事物上面，就使那件事物成其为美，不管它是一块石头，一块木头，一个人，一个神，一个动作，还是一门学问。”[1]也就是说，与美的东西不同，美是具有绝对的普遍性和哲学意味的概念，是使所有美的东西之所以成为美的共同原因。

从《大希庇阿斯篇》开始，“美是什么？”成为一个需要回答的

[1] 柏拉图. 文艺对话录［M］. 北京：人民文学出版社，1983：187–188.

哲学问题。不同时期的哲学家们总会面对这个问题，并做出自己的回答。1750年德国哲学家鲍姆加登（Baumgarten）出版了《美学》第一卷，关于美的研究自此成了一门独立的学问。此后，美学家们继续在回答“美是什么?”的问题。综观历史上哲学家、美学家们关于美的看法，大体可以分为以下三类。

第一种观点认为美来自精神。例如，柏拉图认为“美本身”是“单一的理念”，一个东西之所以是美的，是因为美本身出现于它之上或者为它所“分有”。古罗马的普洛丁（Plotinus）认为“神才是美的来源”，而“物体的美是由分享一种来自神明的理式而得到的”。托马斯·阿奎那（Thomas Aquinas）说：“事物之所以美，是因为神住在它们里面。”黑格尔（Hegel）给美下的定义是“美就是理念的感性显现”。休谟认为美并不是事物本身里的一种性质，它只存在于观赏者的心里，快乐和痛苦不但是美和丑的必然伴随物，而且还构成它们的本质。鲍姆加登把美视为感性知识的完善。康德则把美归结为想象力和悟性对表象的和谐活动而引起的愉快。叔本华（Schopenhauer）把意志看作美的根源，他说“意志……的客体化便是客观意义上的美”。克罗斯（Croce）认为美是“成功的表现”。科林武德（Collingwood）认为美是情感的表现，桑塔亚那（Santyanna）也认为“美是客观化了的美感”。

第二种观点认为美来自物体本身。例如，古希腊的毕达哥拉斯学派认为美来自数的适当比例与和谐。赫拉克利特（Heraclitus）也认为美来自和谐。亚里士多德（Aristotle）认为美的本质在于感性事物本身，“秩序匀称与明确”的东西才是美的。博克（Burke）认为事物的那些小的、光滑的、融为一体的、娇柔纤细的、洁净明快的、多样变化的品质是构成美的原因；狄德罗（Diderot）认为诸如“秩序”“比例”“联系”“安排”“适合”“对称”都没有“美系”更适合用来称呼美：“美总是由关系构成的”。车尔尼雪夫斯基（Chernyshevsky）提出了“美就是生活”的著名观点。

第三种观点从精神和物质的关系上探求美的根源。例如，德国美学家里普斯（Lipps）认为美是人们把自己的意志努力以及这种努力的感觉“移植到”外物而产生的。朱光潜认为美在心与物的关系上面，美是客观的统一。统一的过程实际就是艺术加工的过程，“物的形象”也就是“艺术形象”，所以美只是艺术的特征。李泽厚认为美是客观性与主观性的统一。他肯定美是客观的，但美并不是一种自然属性、自然现象或自然规律，它客观地存在人类社会之中，是人类社会生活的产物。社会存在是客观的，所以美是客观性与社会性的统一。

当然，以上三种分类只列举了历史上重要的学说，并没有囊括所有关于美的看法。但有一点是可以肯定的，迄今为止关于“美是什么?”的问题并没有被哲学家、美学家完全说明白，每一种学说都或多或少存在疑问。不过，以上不同的观点可以让我们看出，能够充分把握本质的美的定义应当兼顾以下特征。

①美是广泛的。人们可以从宇观、宏观、介观、微观，从自然界、社会，从现实生活和艺术幻想，从内容与形式等各个方面发现美、感受美，而且人类审美领域仍然在不断地扩展。

②美是相对的。同样的事物，不同的人、不同的社会、不同的历史时期会有不同的感受，根本原因在于人的需要：合需要就美，不合需要就不美，甚至是丑的。

③美须有现象发生。也就是说，美依赖于人的感知，脱离了人的意识，也就无所谓美与不美。

苏格拉底感叹“美是难的”，难就难在美的定义必须既具有广泛性，又具有相对性，还不能脱离人的感知、人的需要。当人们还不能揭示人的一般本性，还处在存在与本质、物质与意识的矛盾认识之中的时候，是不可能完全把“美本身”看明白、说清楚的。

在不违背美的广泛性、相对性、现象性的前提下，美的定义应该是：人所感知的符合其需要的现象。在这个定义中，“现象”体现了美的广泛性，它囊括了人能感知的所有的美；“合需要”说明了美的相对性，美与不美的原因是需要，合需要则美，不合需要则不美；“人”“感知”是美存在的前提条件，脱离了人的感知或者说那些没有被人意识到的需要，是无所谓美与不美的。

美是人所感知的符合其需要的现象。在这个定义中，“需要”是关键，它不仅决定了美与不美，而且决定了美的种类多少和美的类型。我们甚至可以说，有多少种需要就会有多少种美，有多少种分类就可能会有多少种美的类型。比如，在今天的图书馆里，我们可以找到几百部五花八门的美学书籍，其中有艺术美学、音乐美学、文艺美学、文化美学、科技美学、数学美学、宗教美学、医学美学、交通美学、森林美学、旅游美学、商品美学、新闻美学、宣传美学、城市美学、爱情美学、性审美学、烹饪美学、人体美学、休闲美学、交际美学、护理美学、口腔美学、死亡美学等，这些琳琅满目的美学分类及研究，都与人的需要息息相关。此外，这个定义不仅适用于一般人的普通需要或合理需要，也适用于特殊人的特殊需要、畸变需要或不合理需要。比如，有的人把蜡、土、石头、疮痂当作美味，有的人在变态的性行为中体验到美，还有些心理有缺陷的人会通过虐待和杀戮感受“美”。这些都说明，美的本质其实就是人的需要。

美的本质

上述定义把美的本质指向人的需要。这里的“人的需要”与马斯洛的需求层次理论[1]有相通之处。区别在于，马斯洛主要从心理学角度，通过观察人类以及灵长目动物的行为来建立其人的需求层次理论；而“科学人性论”则从哲学高度看待“需要”，明确指出“本质即现象不可或缺的需要”（见“前提篇”），进而通过揭示“总体物”不可或缺的需要来揭示人之不可或缺的需要。也就是说，“科学人性论”中的“需要”对于智人、猿人、高等动物乃至于万物，是一以贯之的。

大而言之，人的需要与物的需要相通，即“物性示意图”所揭示的“运动”及其方式“协同与竞争”。在这个层面，人与宇宙天体、基本粒子乃至光的性质无异。当我们感知到这个层面的需要得到满足时，会体悟到“活着”或“生活”的美（尤其是当摆脱死亡威胁时），体悟到“生命延续”的美（当创造和迎接新生命之际），体悟到自强不息的竞争之美或厚德载物的协同之美，还能体悟到“生动”的形式美（详论见本篇艺术原理部分），或许还能体悟到天地之大美。

小而言之，人的需要与高等动物的本性相通，即“高等动物本性示意图”所揭示的“运动的心理现象”——“欲”，以及因“欲”而起的“协同与竞争”，包括极端的协同性——“爱”与极端的竞争性——“恨”。在这个层面，人是充满欲望并受欲望驱使的动物。人类林林总总的欲望均源自高等动物的求生欲、自由欲和感知欲。这三类欲望囊括了马斯洛需求层次理论五个方面的需要：求生欲、自由欲囊括了生理需要、安全需要、归属与爱的需要；感知欲包含了人类的好奇、模仿、求知、发现、探险、探究、创新等欲望，因

[1] 需求层次理论是行为科学的理论之一，由美国心理学家马斯洛于 1943 年在《人类激励理论》论文中所提出。马斯洛将人类需求像阶梯一样从低到高按层次分为五种，分别是：生理需求、安全需求、社交需求、尊重需求和自我实现需求。

此它也包含了自我实现需要的主要内容（三类欲望互有交汇）。这三类欲望的满足均能让我们获得美感，其中不仅包括爱和被爱的幸福之美，也包括“解恨”——因剥夺敌方需要而获得的胜利之美。

总而言之，美的本质就是人的需要；而这需要与高等动物的本性相通，与天地万物的本性相通；在想象力和创造力的驱使下，人的自由度不断扩张，新的需要也在不断生成。然而，尽管人的需要是美存在的决定性因素，但离开了人的感知和意识，美仍然不会发生——皮之不存毛将焉附？

美感

如果说美是人所感知的符合其需要的现象，那么美感就是人的需要得到满足时的情绪、情感反应。在感知的前提下，此处“美感”定义的关键因素仍然是“需要”，它决定了美感的程度。根据现象与我们的需要符合的程度，我们可能会感觉到不同程度的美，比如：美——很美——太美——迷人的美——令人陶醉的美。美感确有程度的不同，但并不存在一个可以对美感进行量化的标准，美感的程度是无法量化的。关于美感的程度，我们唯一可以研究和把握的是它的两极：一个是最低程度的美感；另一个是最高程度的美感。

所谓最低程度的美感，笔者认为是现象满足了人的运动性需要（包含协同性需要与竞争性需要）后的情绪反应。通常在这种情况下，我们会对现象发生兴趣，产生快感。在艺术作品中，最低程度的美感往往是由单纯的形式因素（如生动的绘画线条、音乐节拍等）引发的。当然，最低程度的美感仍然是一个有待进一步研究的领域。

最高程度的美感也是一个有待进一步研究的领域。在笔者看来，马斯洛在研究自我实现者的过程中发现的“高峰体验”，应该就是最高程度的美感。

所谓“高峰体验”，即一个人在各种需要都得到满足，处于最佳状态时所产生的奇妙、完美而又激动人心的体验，它是转瞬即逝的无比强烈的幸福感，或者是一种欣喜若狂、如痴如醉、欢快至极的感觉，这时人摆脱了一切怀疑、恐惧、压抑、紧张和怯懦，而沉浸在一片纯净而完善的幸福之中，人的自我意识也悄然而逝，感到自己与整个世界已经完美地融为一体，也感到自己似乎已经揭开了遮掩着知识的重重帷幕，而窥见了终极的真理、事物的本质和生活的奥秘，总之，高峰体验中的人似乎突然升到了“天堂”，到达了为之长期努力奋斗的目的地，进入了尽善尽美的境界。与其他所有最健全、最有代表性的人一样，艺术家、创造者和欣赏者都曾经经历过这一生中最欣喜、最幸福、最完美的时刻。

马斯洛认为高峰体验并非艺术家和欣赏者的特权和专利，普普通通的平常人也能产生这种神奇的感受，一个家庭主妇在阳光明媚的厨房里为丈夫和孩子准备早餐时为一股不可遏止的爱笼罩了整个心灵，她会产生高峰体验；一个医学院学生靠在爵士乐队里演奏谋生，当他演奏得十分成功时，他也会获得高峰体验；一个女主人顺利举办一次宴会后，想到度过了一个十分愉快的夜晚时，也进入了高峰体验。而且马斯洛还认为，由于在不同人身上所产生的高峰体验结构完全相同，人同此心，心同此理，因此一个女人在生下孩子时的一瞬间所产生的狂喜心情与艺术家在灵感降临时所感受到的审美冲动和创造激情并无二致，陶醉在贝多芬第九交响曲的柔板中的听众与手持橄榄球冲向底线的运动员如出一辙。他说：“艺术家和家庭主妇之间并非相去甚远，他们不仅生活在同一世界上，而且有时会产生共同的语言和共同的体验。”[1]

值得注意的是，马斯洛后来又提出过“高原体验”的概念。根据他自己的陈述，他是从阿斯拉尼（Asranli）的著作《高原体验》和《自如状态》中接触到这一概念的。

马斯洛认为，所谓高原体验，那是对奇迹的、使人敬畏的、神圣的、大一统的情境和存在性价值的宁静而平和的反应。它和高峰体验的主要区别有以下几点。

第一，从主观感受方面说，高原体验比高峰体验更为宁静、平和。作为一种带有强烈情绪的、顶点的、自动的反应，高峰体验更有一种惊异的、不相信的和美感的震动，有一种初次经历这种体验的那种几乎无所措手足的感受。它含有一种“小死”的意味，一种多涵义的再生。高原体验则较为宁静、平和，是一种不带有强烈情绪的、顶点的反应。它最经常的感受是纯粹的享受和幸福，就像一位母亲安静地坐着，长时间地看着她的孩子玩耍并欣赏着、赞美着、思索着，进而获得一种非常愉快的、连续的、默默的感受。

第二，从情绪方面看，高原体验总是带有理性和认识的因素，马斯洛有时甚至称之为“宁静的、沉思的存在性认知”。高峰体验则并不总是如此，它能成为纯粹情绪或绝对情绪的反映。

第三，从存在时间方面看，高原体验较高峰体验持续时间更长。高峰体验只能短暂地存在，高原体验则能使人在超越生活、超个人生活以及和体验存在水准生活有关的状态中长时间地停留、栖居。

第四，从出现方式和频率看，高原体验比高峰体验远更依赖意志的作用，但不如高峰体验普遍。高峰体验是以突如其来的方式发

[1] 马斯洛. 人的潜能和价值［M］. 北京：华夏出版社，1978：372.

生的，我们只能被动地承受它，而不能通过意志的作用去控制、支配它。高原体验则能通过长期艰巨的工作达到、获得。高峰体验随时随地都有可能发生，任何人都有可能经历高峰体验。高原体验的产生往往需要人终其一生的努力，因此，它只存在于超越型自我实现者中间。❶

在笔者看来，“高峰体验”是人的需要（主要是爱的需要）得到满足时出现的一种忘我的陶醉感；而“高原体验”则是长时间驻留在博爱者心中的美感。

人终其一生都在渴望和追求着美，然而所获得的美感终究会成为“过去”，即便是“高原体验”这样的美感也不会恒久驻留。因为人的需要在变；即使需要不变，美所依赖的感觉也在变。古语云：“入芝兰之室，久而不闻其香；入鲍鱼之肆，久而不闻其臭。”这就是所谓感觉的适应（Adaptation）：刺激作用于人的感受器官最初可以得到清晰的感觉，但是当刺激持续作用时，感觉逐渐减弱，有时甚至消失。时下人们常说的“审美疲劳”也是感觉的适应。好在人是艺术的动物，层出不穷的艺术会帮助我们对抗因感觉适应而出现的“审美疲劳”。

艺术的定义

美国美学家肯尼克（Kennick）曾自我解嘲般地说过：“当没有人问艺术是什么时，我倒清楚艺术是什么。只是当别人问我艺术是什么时，我才答不出来。”❷另一位美国哈佛大学教授艾伦·温

❶ 马斯洛. 马斯洛人本主义哲学［M］. 北京：九州出版社，2003：364-366.
❷ 李普曼. 当代美学［M］. 北京：光明日报出版社，1986：224.

诺（Ellen Winner）在《创造的世界——艺术心理学》这本教科书中写道：

由于难以找到一系列既必要又充分的艺术品的特征，给艺术下定义的尝试已就有了一个漫长而混乱的历史。几个世纪以来，许多思想家力图提出艺术的必要和充分的特征。这些定义之所以受到批评，不是因为没能将某类艺术形式包括进去，而被指责为不够完整，就是因为未能清楚地区别艺术与非艺术而被指责为过于宽泛。尽管如此，给艺术下定义的尝试却从未停止过。这也许是因为这样一个不可动摇的信念，除非我们知道所有艺术的共同特征，并懂得如何区别艺术和非艺术，不然我们就不能合理地谈论艺术。两种给艺术下定义的企图——形式主义的和情感主义的，就充分说明了为艺术下定义的困难。❶

艾伦·温诺所说的“形式主义”企图指的是贝尔的“有意味的形式”，而“情感主义”企图指的是列夫·托尔斯泰和科林伍德等人的强调艺术的情感效果的主张。这两种给艺术下定义的企图都存在着缺陷：形式主义的定义忽视或否定了艺术的情感美因素；情感主义的定义也不能概括所有的艺术，实际上，一些非艺术的现象同样可以让人动情。

20 世纪中期，在受到后期维特根斯坦的语言分析影响之下，魏茨、肯尼克等人根据家族相似性理论和艺术的创新性，提出艺术定义是不可能的，这使得艺术定义理论出现了大约十年的停顿。但这种否定艺术定义可能性的观点激起了后来美学家的反驳，随之又出现了一系列关于艺术定义的理论，比如丹图（Danto）认为艺术界的

❶ 艾伦·温诺. 创造的世界——艺术心理学［M］. 郑州：黄河文艺出版社，1988：4.

授予是艺术的一个必要条件，迪基（Dickie）强调艺术制度这个条件，列文森（Levinson）从历史性来定义艺术，古德曼（Goodman）根据象征理论来定义艺术，比尔兹利（Beardsley）根据传统美学的审美意向来定义艺术等。虽然，这些定义和相关理论都是智慧的结晶，尤其能够解释当时的艺术状况，但是它们仍然缺乏足够的说服力。因此，到目前为止，我们仍然没有一个公认的艺术定义。

给艺术下定义确实不是一件容易的事，因为艺术是个既大又小、既虚幻又实在、既复杂又简单，并且总是处在变化之中的现象。但是，当我们站在哲学的高度看清了人性和美的本质，就具备了真正看清艺术的本质的条件；当人性和美的定义已经被说明白后，明白地说出艺术的定义也就是顺理成章的事了。

为了全面、准确地概括说明艺术这一现象，这里给艺术的定义有广义和狭义之分：广义的艺术是人造的符合其需要的现象；狭义的艺术是人造的以动情为目的的现象，或者说是以动情为目的的创造。

“艺术是人造的符合其需要的现象”这个广义的定义几乎涵盖了人类所有的创造活动，然而它与艺术的形成与发展以及我们对“艺术”这个词的广泛应用是相符的。

无论是西方还是中国，“艺术”最初的含义就是技术。波兰美学家符·塔达基维奇（W.Tatarkiewicz）在他的《西方美学概念史》中系统地分析了“艺术”这一术语的来龙去脉：

“艺术”，这个表述源出于拉丁文的 ars，而拉丁文这个词则是希腊文 ποιησιs，一词的翻译。然而，ποιησιs 与 ars 所表示的含义与今天“艺术”所表示的并不完全相同。今天的这一表述与以往的表述，其联系的线索既连贯但也曲折。多年来，这一表述的含义一直

是变化的。这种变化是细微的，却又是持续的；多年的变化使古老的表述含义早已面目全非。❶

古希腊所说的艺术主要并不是指一种产品，而是指一种生产性的制作活动，尤指技艺。英国艺术理论家科林伍德也指出：

“艺术”的美学含义，即我们这里所关心的含义，它的起源是很晚的。古拉丁语中的Ars，类似希腊语中的“技艺”，意指完全不同的某些其他东西，它指的是诸如木工、铁工、外科手术之类的技艺或专门形式的技能。在希腊人和罗马人那里，没有和技术不同而我们称之为艺术的那种概念。我们今天称为艺术的东西，他们认为不过是一组技艺而已，例如作诗的技艺。❷

的确，“艺术”一词，无论是英语中的art，还是德语中的kunst，在过去都是指包含了我们现在所说的“美的艺术”的广义的艺术，及所有的技术制作活动。这一点，显然已经在学术界取得了共识。

根据符·塔达基维奇《西方美学概念史》的论述，欧洲中世纪时候的艺术概念是包含在经院哲学体系中的。中世纪所谓的艺术，是从希腊文翻译而来的。它指的并不是现代意义上的艺术，而是一种“自由艺术”。当时的自由艺术是指不依赖物质材料的纯粹精神活动，其自由含义与人的天赋意志有关。自由艺术被正式确立为七种，是在7世纪学者伊斯多尔（Isidore）的《语源学》中做出的。从此，这“七种自由艺术”由高级的“四科”，即算术、几何、天文、音乐，以及较低级的“三科”，即文法、修辞、逻辑组成。中

❶ 符·塔达基维奇. 西方美学概念史［M］. 北京：学苑出版社，1990：17.
❷ 科林伍德. 艺术原理［M］. 北京：中国社会科学出版社，1985：6.

世纪的艺术概念，仅仅包含了一种我们今天称为艺术的艺术，即音乐。而音乐之所以被列入，却是因为它与其他科学性的学科一样，被认为是一种和谐的理论，而不是作曲、演唱、演奏的实践。在当时，绘画与雕塑一般不被视作自由的艺术，因为它们需要体力上的制作。❶

在中国，“艺”的原始意义或者说本义就是“种植”的意思。“艺”的这种用法在古诗文中仍能见到，如《孟子·滕文公上》曰：“后稷教民稼穑，树艺五谷。”陶渊明则有诗曰：“桑竹垂余荫，菽稷随时艺。”“艺”用得最多的引申义则是“才能”“技巧”“技艺”。正如《广韵·祭韵》中所解释的：“艺，才能也。”《庄子·天地篇》中说：“能有所艺者，技也。”似乎对“艺”与“技”有所区分，但还是肯定“艺”首先来自“技”。中国古代常说的“六艺”（指礼、乐、射、御、书、数）也指的是六种重要的技术或技能。“术”，许慎解作“邑中道也”，意思是城市中的道路。段玉裁则注为“引申为技术”。“艺”与“术”合起来，当是指种植、劳作的方法、技艺。《后汉书》较早把“艺”与“术”连在一起，但却分别有着不同的内涵：“永和元年，诏无忌与议郎黄景校订中书五经、诸子百家、艺术。”并注曰：“艺谓书、数、射、御，术谓医、方、卜、筮。”这里的“艺”与“术”似乎已有了高下之分，但它们仍然是技术。

所有的技术都是人类为满足自身需要的创造，而那些以动情——打动人心，触动人的情绪、情感——为主要目的的创造，尤其是那些能给人带来美感愉悦的技艺，最终被冠以（也可以说是独占或独享了）“艺术”之名，倍受人们的青睐。我们今天认可的艺术，如绘画、雕塑、音乐、舞蹈、诗歌、小说、影视剧包括行为艺

❶ 符·塔达基维奇．西方美学概念史［M］．北京：学苑出版社，1990：17.

术等，都是以动情为主要目的的创造。

狭义的艺术与其他技术的分离，在中西方都经历了一个漫长的时间过程。正如符·塔达基维奇指出的："美的艺术从工艺中分离出来，这是社会情势促成的，也是由艺术家们提高自己的地位的努力促成的。在文艺复兴时期，美开始得到较高的评价，而且在生活中发挥着自古以来未曾有过的作用；美的生产者……画家、雕塑家、建筑家……也得到了较高的评价，他们将自己看作超出匠人之上的而且力图打破他们同匠人的一致性联系。"❶随着人类社会的文明进步，以动情为主要目的的创造活动逐渐与人类其他生产活动区别开来，成为专门满足人精神需求的方式和行当。

在西方，关于艺术何时走向独立和自觉的问题存在着不同的看法。按科林伍德的看法，艺术与生产技术的区分，直到19世纪才最后完成。"文艺复兴时期的艺术家，就像古代的艺术家一样，确实把自己看作工匠。一直到17世纪，美学问题和美学概念才开始从关于技巧的概念或关于技艺的哲学中分离出来。到了18世纪后期，这种分离越来越明显，以至于确定了优美艺术和实用艺术之间的区别；这里，'优美的'艺术并不是指精细的或高度技能的艺术，而是指'美的'艺术。到了19世纪，这个词组通过去掉表示性质的形容词，并以单数形式代替表示总体的复数形式，最终压缩概括成为art。"❷而按卡冈（Каган）的说法，则要早得多。卡冈以造型艺术与手工技艺的分离作为标志。在他看来，由于17世纪艺术院在意大利、法国、英国、俄国的陆续创立而被官方确立下来，这样，"就从法律上确认了造型艺术同手工技艺的分离，并将造型艺术提高到文学创作的水平"。而且，这种划分也同时"取得了'术语的合法化'。

❶ 符·塔达基维奇. 西方美学概念史［M］. 北京：学苑出版社，1990：18.
❷ 科林伍德. 艺术原理［M］. 北京：中国社会科学出版社，1985：7.

根据同时表示‘艺术’和‘手工技艺’的art一词，现在构成了两个派生词：artiste——艺术家，artisan——手艺人。这样就把艺术家的崇高的精神创作的概念，同手艺人无感情、无诗意的活动的概念之间的区分固定下来”[1]。另一种较为重要的看法则认为这一分离大致在文艺复兴时期完成。恩思特·卡西尔（Ernst Cassirer）认为早在文艺复兴的精神领袖康德那儿，“在他的《判断力批判》中第一次清晰而令人信服地证明了艺术的自主性”[2]。因而，文艺复兴曾在欧洲文化史上首次使艺术家摆脱了工匠和手艺人的地位。

在《判断力批判》中，康德从理论上论述了艺术与手工艺的区别：“艺术也和手工艺区别着。前者唤作自由的，后者也能唤作雇佣的艺术。前者人看作好像只是游戏，这就是一种工作，它是对自身愉快的，能够合目的地成功。后者作为劳动，即作为对于自己是困苦而不愉快的，只是由于它的结果（例如工资）吸引着，因而能够是被逼迫负担的。”[3]而在康德之前，法国的阿贝·巴托（Abe Batteux）在1747年出版的《简化成一个单一原则的美的艺术》中就较早开始使用“美的艺术”（Fineart）一词，并主张“美的艺术”包括音乐、诗、绘画、舞蹈和雕塑五种。从而把“美的艺术”系统化，组成了一个完整的艺术系统。他把这五种艺术归为“美的艺术”，主要是想较为明确地区分这些艺术门类和“机械艺术”即手工技艺和机械技艺等的区别。

一般认为，在中国艺术走向独立和自觉的漫长过程中，魏晋时代是一个重要的转折点。鲁迅在《魏晋风度及药与酒的关系》中明确地指出：“曹丕的时代可以说是文学的自觉的时代，或如近代所

❶ 卡冈．艺术形态学［M］．上海：生活·读书·新知三联书店，1986：39-40

❷ 卡西尔．人论［M］．上海：上海译文出版社，1985：175.

❸ 康德．判断力批判：上卷［M］．北京：商务印书馆，1985：149.

说，是为艺术而艺术的一派。”宗白华先生也指出：“汉末魏晋六朝是一个政治上最混乱，社会上最痛苦的时代，然而却是精神上极自由、极解放、最富于智慧、最浓于热情的一个时代，因此也就是富有艺术精神的一个时代。王羲之父子的字，顾恺之和陆探微的画，戴逵和戴颙的雕塑，嵇康的广陵散（琴曲），曹植、阮籍、陶潜、谢灵运、鲍照、谢朓的诗，郦道元、杨衒之的写景文，云岗、龙门壮伟的造像，洛阳和南朝的闳丽的寺院，无不是光芒万丈，前无古人，奠定了后代文学艺术的根基与趋向。”[1] 此外，这个时代的各种艺术理论，如陆机的《文赋》、刘勰的《文心雕龙》、钟嵘的《诗品》、谢赫的《古画品录》，更为后来的文艺理论的发展奠定了基础。“艺术文人化”是这个时代的突出特点。文人士大夫真正成为艺术创造的主体，这不仅极大地提高了艺术的文化品位，也标志着一些以动情为目的的狭义艺术已经完全从其他的创造活动中分离出来，成为不可或缺的社会需要。

我们今天所使用的“艺术”概念，是从西方引进的——它建立在西方文艺复兴之后的西方文明基础之上的。在这个文明中，有宗教、政治、法律、产业、经济、哲学、教育、军事、艺术九大领域，作为以动情为目的的艺术在其中得到了承认。英语中的 art 一词既作“艺术”解，又作“美术”解。受此影响，“五四”新文化运动时期，“艺术”与“美术”的概念也是混淆不分的，当时蔡元培运用“美术”这个术语时，也包括了诗歌和音乐。其后，中国的文艺界、教育界把“美术”和“艺术”的概念逐渐分离开来，“艺术”是一切艺术门类的总称，而“美术”专门用来指艺术的一个重要分支，即视觉艺术部分。

以上中西方“艺术”的原始意义和后来的含义说明，艺术与人

---

[1] 宗白华. 美学散步［M］. 上海：上海人民出版社，1981：177.

类的其他创造（生产技术、科学等）曾经是纠缠不清的；从人类的一大堆创造中分离出以动情为目的的创造，确实经历了一个相当长的时间。

然而，即使我们已经清楚地区分出了艺术与其他人类活动的不同，却仍然理所当然地把其他精湛、杰出、成功的人造现象看作艺术，或者把它们当作艺术品来称赞。例如，古希腊欧几里得的《几何原本》被誉为“科学史上的艺术品”，少年时代的爱因斯坦和罗素（Russell）都曾经将它作为神奇的艺术品来阅读欣赏；爱因斯坦曾称赞玻尔所提出的原子中的电子壳层模型及其定律是“思想领域中最高的音乐神韵”[1]；而爱因斯坦相对论则被不少科学家誉为物理学中最美的一个理论，玻恩说它“像一个被人远远观赏的艺术品”[2]；在谈到人们对《资本论》的评论时，马克思说，不管这部著作存在这样或那样的毛病，但它作为一个“完整的艺术品”，却是可以引为自豪的[3]。

即使是最简单的劳动，只要它的过程或结果能让我们动情，它就可能被称为艺术。庄子在《养生主》中以其神奇瑰丽之笔描绘了庖丁之高超技艺所达到的令人神往的境界：“……手之所触，肩之所倚，足之所履，膝之所踦，砉然响然，奏刀騞然，莫不中音，合于桑林之舞，乃中经首之会。”而在解牛之后，庖丁则俨然沉醉于一种神采飞扬的境界：“提刀而立，为之四顾，为之踌躇满志，善刀而藏之。”在这里，庖丁显然并非一个单纯的解牛匠人，按他自己的说法是：“臣之所好者道也，进乎技矣。”在庄子的眼里，庖丁是“得道”的匠人，而在今人眼里，“庖丁解牛”可能就是行为艺术。

---

[1] 爱因斯坦文集：第一卷［M］. 北京：商务印书馆，1977：9，21，261.

[2] 德拉萨克. 美与科学对美的追求［J］. 科学与哲学，1980（4）.

[3] 孙正聿. 哲学修养十五讲［M］. 北京：北京大学出版社，2004：165.

即便没有“艺术”这个词汇，艺术也存在于我们的生活和劳动之中。人类学家们发现，在爱斯基摩伊努伊特人语言中并没有一个专门的词汇是来表示“艺术”的，所有“人工的”（Artifical）物体都被总括在“人为之物”（That which has been made）一词之下，而不计其实际效用如何。[1]然而，爱斯基摩伊努伊特人却具有高度发展的艺术才能和生动美妙的艺术品。

我们可以把以动情为目的创造称为纯艺术，但纯艺术并不能囊括所有的艺术。《艺术发展史》的作者贡布里希（Gombrich）曾感叹道:“写一部‘直到当前’的艺术史比以往任何时候都难。”[2]回顾世界艺术史，我们不难发现：近代及其以前的世界艺术，发展脉络清晰，容易理解，而到了19世纪，尤其是它的后半期和进入20世纪以后，一切变得纷繁复杂，令人目不暇接且不可思议。如果用系统的眼光看待人类艺术的发展，古代艺术、近代艺术、现代艺术以及后现代艺术，显然经历了一个由简单系统到复杂系统，最后到混沌的演变过程。这其中最难理解的当然是后现代艺术的“混沌”现象。的确，当杜尚（Duchamp）主张用现成的物品去代替艺术品，并在博物馆中展出一个倒置的便池，而又命之以《泉》的优美名字时；当曼佐尼（Manzoni）把自己的屎装进小罐头，标上标签，售出高于黄金的价格时；当约翰·凯奇（John Cage）“创作”出所谓的钢琴曲《四分三十三秒（4—33）》（内容是要求演奏者出场，在钢琴前翻开乐谱，把手放在琴键上，静坐四分三十三秒而不置一音）时；当荒诞派戏剧《等待戈多》在台上演出，演员们莫名其妙地做些琐碎、无聊，甚至猥琐不堪的动作举止，讲些语无伦次、文不对题的“台词”，无尽地等待着他们和我们都不知为何物的戈多，而

---

❶ 郑元者．艺术之根：艺术起源学引论［M］．长沙：湖南教育出版社，1998：270.

❷ 贡布里希．艺术发展史［M］．天津：天津人民美术出版社，1991：336.

戈多又永远不来时；当博依斯（Beuys）提出“社会雕塑”的概念时；当中国的新潮美术家们以在美术馆里孵小鸡、洗脚、卖虾和枪击自己的绘画作品而名为“行为艺术”时……艺术与生活、艺术与非艺术的界限似乎已消失殆尽了。然而“混沌”的艺术现象并非无规律可循：如果说创新与突破是现代艺术主题或特点的话，那么后现代艺术的主题或特点就是反叛与解构。在笔者看来，现代艺术的创新与突破以及后现代艺术的反叛与解构，犹如一场由众多艺术家参与的、国际性的、跨世纪的大实验。通过这场令人眼花缭乱的、似乎进入“混沌”状态的大实验，我们终于看到了艺术所能延伸的边界。

实际上，人造的任何现象都有可能被称为艺术，只要它能满足我们的精神需求或者让我们感受到美。因此，本篇用广义和狭义两个定义来概括说明人类的艺术现象。

审美标准

美是人所感知的符合其需要的现象；艺术是人造的符合其需要的现象或是以动情为目的的创造。然而，不同的人有不同的需要，对一些有问题的人来说，欣赏别人的恐怖、痛苦和死亡是一种令人兴奋的休闲娱乐方式。在英国米兰达·特威斯（Miranda Twiss）所著的《历史上最邪恶的人》中就有两个典型的例子：一个是被称为“女吸血鬼”的特兰西瓦尼亚的伊丽莎白·巴斯里伯爵夫人，喜欢在深冬时节让一些年轻女子赤裸着站在她窗户下，然后将水浇到她们身上一直到她们都冻成冰雕，伊丽莎白端坐在那里，凝视着这些美丽的活人冰雕长达数小时之久；另一个是把刺刑当成艺术的“罗马尼亚魔鬼王子”弗莱德，他用长木棍从人的屁股穿入，然后从嘴里穿出，这些木棍有时还被雕刻得十分精美，漆上颜色。[1]这两个极端的例子说明了美和艺术的相对性，更提醒我们审美是应该有标准的。

审美有标准吗？如果有，它是什么？审美当然有标准，不然我们不会用“女吸血鬼”来称呼伊丽莎白·巴斯里伯爵夫人，也不会给弗莱德一个“罗马尼亚魔鬼王子”的头衔；如果没有审美的标准，艺术家、设计师以及艺术批评家就没有存在的必要，爱美的女士也不必花费时间和精力来打扮自己，更不会有“选美大赛”这一现象。不同的人、不同的群体、不同的地域、不同的历史时期确实存在不同的审美标准，然而两个方面的标准是相对不变的：一是需要的合理性；二是美感的程度。

审美在一定程度上是价值判断，当属于人的生存伦理学依据。美是被感知的符合人需要的现象，然而人的需要却有合理与不合理之分。合理与否是人的价值判断；如何判断取决于人的智慧或文明程度；根本原因是人类自身的生存。在人类现有的智慧和文明程度下，我们的价值判断是：危害他人的需要即不合理需要，例如“女吸血鬼”和“罗马尼亚魔鬼王子”的变态需要；合理需要的底线是不危及他人以及其他动物（至少是自然状态中的高等动物）的需要，上限为爱的需要，包括亲代与子代间的爱、情侣之爱、友爱、对民族的爱、对国家的爱、对人类的爱、对大自然的爱，也包括对自由的爱、对事业的爱、对知识和真理的爱……乃至博爱。一个有教养、有爱心的正常（心理健康）人是不会在危害他人和其他动物需要的行为中获得美感体验的；令人陶醉的美往往与爱的需要相关联。显然，需要的合理性是人们审美的一个重要标准。

所谓美感的程度，指的是现象满足我们的需要时所引起的不

---

[1] 米兰达·特威斯. 历史上最邪恶的人［M］. 北京：东方出版社，2004.

同程度的情绪、情感反应。我们知道，美感的程度是很难进行量化的，唯一可以把握的是它的两极，即最低程度的美感和最高程度的美感。最低程度的美感是符合人需要的现象引起的兴趣或快感之类的情绪反应；最高程度的美感是符合人需要的现象所引发的“忘我的陶醉感”，也就是马斯洛所说的“高峰体验”。无论是自然现象，还是人造的现象，只要我们感知到它满足了我们的需要，我们总能体验到不同程度的美感，从而做出恰当的审美判断。

艺术原理

既然美感的程度和需要的合理性是审美的依据或标准，那么，它理所当然地也是人们创造美、进行艺术创作的依据或标准。它要求艺术创作者尽可能满足人们精神上的合理需要，从而达到动情的目的。“科学人性论”已经为我们揭示了人的需要，由此我们获得关于艺术形式美和内容美的两个基本原理。

1. 生动性是艺术形式美的总要求

“生动”在汉语词典中的解释为“具有活力能感人的”。生动性是狭义艺术在形式上的一个总的要求，因为不生动就不会吸引人，就不会引起人的兴趣和最起码的快感；生动性也是那些并非以动情为目的人类创造成为“艺术”的原因。这个要求或原理源于我们对人性的认识（详见论证篇“物性示意图”和“高等动物本性示意图”及其解释）。人的“运动”需要体现在艺术中，就是对生动性的追求。

如何才能获得生动的效果呢？不同的艺术门类有着不同的方式，然而它们都有赖于作品中各要素间的竞争与协同。竞争，指系统内各要素间相互争夺，力图取得支配和主导地位的活动与过程。例如，视觉艺术中光的强弱、明暗对比，色的深浅、冷暖对比，形的大小、曲直、方圆对比；听觉艺术中的音高、时值、音色的对比，都属于竞争的范畴。协同，指系统中子系统或要素的联结、合作、协同与同步的行为。例如，绘画中决定画面关系的取势、气韵、色调等，音乐中的节奏、旋律等，都属于协同的范畴。作品中各要素的竞争与协同是相互依存的，不可以没有协同，也不可以没有竞争，两者是对立统一的。一般来说，过度的协同会削弱刺激的力度，最终给人留下的只有单调和乏味。研究厌腻现象和适应现象的心理学家指出，当某种特定的刺激一次又一次出现时，动物，甚至是那些很低级的动物，都会停止它们的反应。一味地竞争会导致混乱与无序。而秩序的需要是人类“基因密码”的一部分，它是人的协同性本质的表现。因此，单一的协同或竞争均不能给人带来生动感。只有竞争与协同的对立统一，才会产生人们需要的形式美——生动感。

苏珊·朗格（Susanne K. Langer）认为艺术是生命的形式。她说：“你愈是深入地研究艺术品的结构，你就会愈加清楚地发现艺术结构与生命结构的相似之处。”[1]如果我们把生动性以及获得生动性的手段或途径用示意图的方式表达（图 7），你就会完全领会苏珊·朗格的观点。

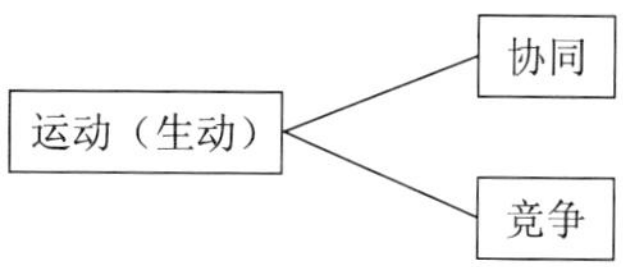

图 7　形式美公式

[1] 苏姗·朗格．艺术问题［M］．北京：中国社会科学出版社，1983：55.

我们可以把这个示意图看成是狭义艺术的“形式美公式”。这个公式的结构之所以与人的“生命结构”相似，是因为艺术就是为了满足人的需要而存在的。

中国人早在1500年前就已经把“生动性”看作形式美的第一法则。在谢赫（南北朝时期的艺术理论家）创立的“绘画六法”中，居于首位的就是“气韵生动”。绘画中的“气韵生动”就是画面整体上的节奏与韵律的律动。“气韵生动”不仅是绘画形式上的最高境界，我们也可以把它看成是狭义艺术，尤其是视觉艺术和听觉艺术在形式上的总要求。

苏珊·朗格的老师恩斯特·卡西尔对艺术的“生动性”也有深刻的认识。在其名著《人论》的艺术部分，他写道：

> 说来也怪，艺术作品的静谧（Calmness）乃是动态的静谧而非静态的静谧。艺术使我们看到的是人的灵魂最深沉和最多样化的运动。但是这些运动的形式、韵律、节奏是不能与任何单一情感状态同日而语的。❶
>
> 一个伟大的画家或音乐家之所以伟大并不在于他对色彩或声音的敏感性，而在于他从这种静态的材料中引发出动态的有生命的形式的力量。❷

卡西尔甚至把“运动”看得比“情感”更重要，他说：“艺术必须始终给我们以运动而不是情感。”❸

与卡西尔的观点相同，德国音乐美学家汉斯力克（Hanslick）也提出了“音乐的内容就是音乐的运动形式”❹的著名观点。

---

❶ 恩斯特·卡西尔. 人论［M］. 上海：上海译文出版社，1985：189.

❷ 同❶，203.

❸ 同❶，190.

❹ 汉斯力克. 论音乐的美［M］. 北京：人民音乐出版社，1980：50.

“形式美公式”所包含的内容，很容易让我们联想到格式塔心理学家阿恩海姆艺术理论中的“力的结构”及其“表现性”。在谈到表现性的优先地位时，阿恩海姆指出：

外部表现性在人的知觉活动中所占的这种优先地位，其实是不足为奇的。我们的视觉并不是一台能够自动进行调节的摄影机，而是有机体在生存斗争中发展出来的对外界环境做出适当反应的工具。与机体关系最为密切的东西，莫过于那些在它周围活跃着的力——它们的位置、强度和方向。这些力的最基本属性是敌对性和友好性。这样一些具有敌对性和友好性的力对我们感官的刺激，就造成了它们的表现性。❶

所谓“与机体关系最为密切”的“活跃着的力”，其实就是“运动”或“生动”；而“敌对性”和“友好性”，则刚好与“竞争性”与“协同性”相对应。

阿恩海姆把“力的结构”看成表现性的基础，并指出了这种“力的结构”之所以能引起我们兴趣的原因：

我们发现，造成表现性的基础是一种力的结构，这种结构之所以会引起我们的兴趣，不仅在于它对那个拥有这种结构的客观事物本身具有意义，而且在于它对于一般的物理世界和精神世界均有意义。像上升与下降、统治与服从、软弱与坚强、和谐与混乱、前进与后退等基调，实际上乃是一切存在物的基本存在形式。不论是在我们自己的心灵中还是在人与人之间的关系中，不论是在人类社会中还是在自然现象中，都存在着这样一些基调。那诉之于人的知觉的表现性，要想完成它自己的使命，就不能仅仅是我们自己感情的

❶ 阿恩海姆. 艺术与视知觉［M］. 北京：中国社会科学出版社，1984：615.

共鸣。我们必须认识到，那推动我们自己情感活动起来的力，与那些作用于整个宇宙的普遍性的力，实际上是同一种力。只有这样去看问题，我们才能意识到自身在整个宇宙中所处的地位，以及这个整体的内在统一。❶

我们可以看出，阿恩海姆关于“力的结构”及其“表现性”的理论与“形式美公式”所包含的内容是不谋而合的。

需要指出的是，在“形式美公式”中，运动（生动）意味着不对称性。人所感知的宇宙本身就是“对称破缺”❷的，绝对的对称或绝对的协同以及绝对的竞争都不是自然的本质，当然也不是人的需要。在植物学中，左右对称的形态如枫叶、兜兰等都不是绝对的对称，绝对的对称只能在数学中找到。正如巴斯德（Pasteur）所说：“生命向我们显示的乃是宇宙不对称的功能。宇宙是不对称的，生命受不对称作用支配。”❸在美国实验物理学家莱德曼（Lederman）与泰雷西（Teresi）合著的《上帝粒子：假如宇宙是答案，究竟什么是问题?》中有这样一段关于“对称破缺”论述：

宇宙演化模型指出，大爆炸发生后，整个宇宙开始冷却，所有的物质和反物质都湮没了，基本上只剩下纯粹的辐射。归根结底，由于温度、能量过低，已经不能产生物质。但物质还是有的，我们就是物质！为什么我们得以存在呢？菲奇－克罗宁实验给了我们答案。对称性并不是完美的。CP对称性的些许破缺导致了物质比反

❶ 阿恩海姆．艺术与视知觉［M］．北京：中国社会科学出版社，1984：620.

❷ 现代自然科学深刻地揭示了吸引和排斥的四种相互作用。这四种相互作用中，强相互作用和弱相互作用的吸引和排斥的双方都基本是对称的。在电、磁相互作用中也是对称的。但至今却没有发现磁单极子，因而出现了一定程度的对称破缺。而在引力的相互作用中，却只有万有引力，而没有万有斥力，出现了对称性的严重破缺。

❸ 李砚祖．科学与艺术［M］．北京：清华大学出版社，2005：74.

物质略多（每1亿对夸克和反夸克会多出一个夸克）。这点微小的差别产生了现在宇宙中的所有物质，包括我们人类。我们真要好好感谢菲奇和克罗宁，他们干得太棒了。[1]

科学已经发现并证明了宇宙的“对称破缺”；“对称破缺”也是万物以及我们存在的理由。因此，除了某些特殊需要（如用于装饰的对称性图案等），我们的艺术在形式上应当避免对称。当然，仅仅避免对称并不必然出现艺术形式上的“生动性”。要达成作品形式上的“生动性”，还应当处理好作品竞争性形式诸要素之间的关系——使它们的关系“主次分明”。因为凡是稳定而具有活力的自组织系统，其构成要素的关系都是“主次分明”的，例如太阳系中的太阳是“主”，八大行星就是“次”；原子中的原子核是“主”，核外电子就是“次”；即便是由基本粒子构成的核子也存在主次关系——质子由两个上夸克和一个下夸克构成，而中子则由两个下夸克和一个上夸克构成。一件艺术品就是一个人造的系统，这个人造系统要让人感受到稳定而具有活力——生动，就应当把大自然普遍存在的“主次分明”规律当作法则来遵循。

2. 爱是艺术内容美的关键要素

艺术形式的“生动性”会引起我们的兴趣、带动我们的情绪，甚至能震撼我们，但一般不会带来“高峰体验”，更不会让我们感动得流泪。能够给予我们“高峰体验”、打动我们心灵、让我们热泪盈眶的唯有“爱”，因为人性中有爱。

爱是生物自组织进化至高等动物阶段而出现的极端的协同性——以满足对方的需要为目的的欲望；或者说是主体以满足客体

[1] 莱德曼，泰雷西. 上帝粒子：假如宇宙是答案，究竟什么是问题？［M］. 上海：上海辞书出版社，2014：339.

的需要为目的的欲望。这种欲望是善之本、德之源，因而也是我们的精神支柱和生命意义。爱是我们在这个世界能够体验到的最伟大、最崇高、最浪漫、最温馨、最动人心魄的美！由此不难理解丹纳（Taine）在其《艺术哲学》中会这样表述。

有一种超乎一切之上的动力，就是爱，因为爱的目的是促成另外一个人的幸福，把自己隶属于另外一个人，为了增进他的幸福而竭忠尽智。你们一定承认爱是最有益的特性，在我们所要建立的等级上显然占着第一位。我们看到爱的面目就感动，不论爱采取什么形式，是慷慨，还是慈悲，还是和善，还是温柔，还是天生的善良，我们的同情心遇到它就起共鸣，不管它的对象是什么：或者是构成男女之间的爱情，一个人委身给一个异性，两个生命融合为一，或者是构成家庭之间的各种感情，父母子女的爱，兄弟姊妹的爱，或者是巩固的友谊，两个毫无血统关系的人互相信任，彼此忠实。——爱的对象越广大，我们越觉得崇高。因为爱的益处随着应用的范围而扩张。[1]

由此不难理解哪位在数学、物理、天文等领域做出过重大贡献的科学家拉普拉斯（Laplace）临终前会说出："科学微不足道，除了爱，一切无关紧要！"由此也不难理解为什么几乎所有的经典艺术都会表现爱。

"爱是艺术内容美的关键要素"这一原理要求艺术创作者必须懂得包括人在内的高等动物本性中的爱，懂得亲代与子代间的爱、情侣之爱、友爱、对民族的爱、对国家的爱、对人类的爱、对大自然的爱、对自由的爱、对事业的爱、对知识和真理的爱……乃至博爱；必须对所表现的内容有真情实感；还必须懂得形式美与内容美

[1] 丹纳．艺术哲学［M］．北京：人民文学出版社，1983：376–377．

的统一。否则，其作品首先不能让自己动情，当然也不能让别人动情，更不能令人陶醉。

艺术的分类

人总是根据自己的需要对现象进行分类，然而任何一种针对复杂现象的分类都不可能完美。艺术是一种近乎混沌的复杂现象，仅是狭义艺术就有名目繁多的分类，例如有依据艺术的存在方式，把艺术分为时间艺术、空间艺术、时空艺术；依据人的感觉，把艺术分为视觉艺术、听觉艺术和视听艺术；依据艺术的物化形式，把艺术分为动态艺术和静态艺术；依据不同的美学原则，把艺术分为实用艺术、造型艺术、表演艺术、语言艺术和综合艺术等。此外，还有以不同的历史阶段、不同的地域以及不同的文化背景来对艺术进行分类的。很难说哪一种分类是完美的，尤其是当艺术发展到后现代阶段，艺术作品之间的界限愈益模糊，艺术分类越来越变得捉襟见肘。一些前卫艺术仿佛是一个大杂烩，各种艺术品种、文类、样式都混杂在一起，如观念艺术与语言艺术，行为艺术与表演艺术等。也许艺术的分类永远无法做到完美，但是乱中求序却始终是人思维活动的规律。列维－斯特劳斯（Levi-Strauss）说得好："任何一种分类，都比混乱优越。"❶

在众多的分类中，时下使用频率较高的是以人的感觉为依据的分类，即分为视觉艺术、听觉艺术和视听艺术。然而，当我们明白了什么是艺术之后，就会发现这种分类的明显不足——它完全忽视了除视觉和听觉以外的其他感觉。所谓感觉即来自客体的刺激在人的感官内引起的一定的神经冲动，或者说是客观事物作用于人的感

❶ 列维－斯特劳斯．野性的思维［M］．北京：商务印书馆，1987：21.

官而引起的最简单的反映。人有眼、耳、鼻、舌、身体五种感官，与此相对应有视觉、听觉、嗅觉、味觉、触觉等。我们经常听说和使用“视觉艺术”“听觉艺术”这样的词汇，但为什么没有听说或极少听说过“嗅觉艺术”“味觉艺术”和“触觉艺术”的说法呢？

实验心理学家赤瑞特拉（Treicher）通过大量的实验证实：人类获取的信息83%来自视觉，11%来自听觉，3.5%来自嗅觉，1.5%来自触觉，1%来自味觉。这个实验大概可以告诉我们为什么人的其他感觉在艺术分类中被完全忽略的原因了吧，因为视觉和听觉获取的信息占据了人所获取信息总量的94%；这个实验也许还能帮助我们理解，为什么英语中“美术”与“艺术”会使用同一个词“art”，因为80%以上的艺术与视觉有关。但无论如何，现有的忽略人的嗅觉、味觉和触觉的艺术分类是存在问题的。

无视人的其他感觉，等于忽视人自身的需要，同时也无情地抹杀了那些业已存在的艺术现象。

人的触觉获取的信息虽然只占所有感官获取信息总量的1.5%，但触觉可唤醒散布在表皮上的500万个强力感应器，每根体毛的根部都有一个神经，微弱的压力便会对它造成刺激，一粒尘埃便会对它发挥作用。初看起来，“触觉艺术”似乎让人感觉到很陌生，其实这门艺术产生的最早并且时刻伴随着我们：几百万年前到几万年前的石器工具演变，已经向我们展示了人类祖先创造并不断改进的触觉艺术；自古以来，与我们的皮肤密切相关的创造（工具、衣服等）都不是随意而为的，都会力所能及地考虑到我们皮肤的感受；产生于20世纪40年代的人机工程学，使现代工业设计以更为科学的方式满足人的皮肤感受。

人的鼻底分布着数百万个会分辨气味的小神经细胞，能分辨出1万种不同的气味。气味总能唤起记忆或影响情绪。陈启成在他的一篇文章《嗅觉艺术的愿景》中，把嗅觉艺术称为香艺。[1]“香艺”自然会让我们想起闻名于世的法国香水和中国的香包（荷包）。这两种人造的符合其需要的现象历史悠久，为之动情的既有王公贵族，也有平民百姓，称它们为艺术应该无可厚非的吧？

味觉的90%来自嗅觉。虽然舌头的表面密布着9000个化学侦测器，但这些味蕾只能侦测出四种基本的味——苦、酸、咸、甜。即便如此，味觉艺术仍然是世界上最普遍、最实用的艺术，人人都需要它并经常享受其美妙。有趣的是，即使有了种类繁多、风格成熟的味觉艺术，比如中国菜、法国大餐、意大利菜、日本料理、韩国料理等，但人们更换口味的欲望从来不曾终止过，因此新的味觉艺术仍然层出不穷。

以上事实足以说明，除视觉、听觉以外的人的其他感觉的重要性，以及相关艺术的存在。完善以人的感觉为依据的艺术分类是十分必要的：首先，更新了的以人的感觉为依据的分类一旦被大众接受，可以促进触觉、味觉、嗅觉等艺术的地位提升和相关艺术理论的深化；其次，这一相对完善的艺术分类有利于大综合艺术的形成和发展。

如果说视听艺术是综合艺术，那么大综合艺术就是以人的各种感觉的综合满足为标志的。在大综合艺术中，你可以体验各种在现实生活中无法满足的或暂时无法实现的需要（美）。比如你可以无须想象力的帮助，“身临其境”地进入宇观、宏观甚至是微观的虚拟世界中遨游，可以瞬间体验到月球、火星、海底、世外桃源等胜境，也可以体验做英雄或其他人物的感觉等。这样的艺术除了具有空前的审美功能外，其教育功能和心理治疗功能也将是无比强大的。科学技术的进步是大综合艺术取得成功的关键。比如，当具备

---

[1] 陈启成．嗅觉艺术的愿景［J］．台北师范学院学报，2008，16（2）：55.

了3D电影的技术以及其他必要的科技条件之后，人们创造出了4D电影。4D电影是大综合艺术的前奏——我们已经开始步入大综合艺术时代。

艺术家

我们称那些业已成功的以动情为目的的创造者为艺术家。这样的人在人们心中的地位是很高的，比如西方就有“穷人想成为富人，富人想成为贵族，而贵族想成为艺术家”的说法。杰出的艺术家同杰出的哲学家、科学家、政治家一样，因其特殊贡献而享“青史留名”之荣耀。

不过，从广义的艺术角度看，我们也可以说“人人都是艺术家”。这并非一家之言，“人人都是艺术家”是德国艺术家博依斯（Beuys）最先提出的概念，也是他为之奋斗一生的理想。因为在博依斯眼里，什么都是艺术，艺术就是最平常的生活行动。美国实用主义哲学家杜威（Dewey）也曾经说过：“人们的一切理智活动，无论是表现在科学中的、美术中的或社会关系中的，都是以把因果结合、连续关系转变成为一种‘手段—后果’的联系，转变成为意义作为它们工作任务的。这个任务完成的时候，结果就是艺术：在艺术中手段与目的是一致的。”[1]在杜威哲学中，经验与审美经验完全是同义语，经验必然具有审美性质，富有审美性质的活动也必然是一种经验。杜威坚信，科学研究、生产劳动、社会管理以及学生学习、教师授课等，只要是人的活动，就都可能具有审美性质。既然是人的活动都有可能具有审美性质，那么“艺术家”的称号对我们每一个人都是适宜的。

---

[1] 杜威．经验与自然［M］．北京：商务印书馆，1960：290.

弗洛伊德断言：所有的梦都反映我们本身的愿望。这其实已经告诉我们，每个人在梦中也是艺术家。广义的艺术是人造的一切合需要现象，梦当然也可以算作艺术作品，而且我们每天晚上都会做新的梦。毕竟我们的梦是与自己有关的，我们既是导演，也是编剧和演员。科学研究显示，我们睡着后，有 20% 的时间都在做梦，也就是说每晚做梦两到三个小时。如果我们在睡眠的各个阶段受到打扰，我们就会变得烦躁易怒。这正表示每一个人内心都需要以艺术的形式来表达他或她存在的情况。梦是人类进入精神世界的大门，做梦时人人都是天才的艺术家。

其实，即使从狭义的艺术角度看，作为智人的后代，我们每一个人都具有猿人以及其他动物所不具备的艺术天赋，每一个人都可以用最普通的方式，比如歌唱、生动的语言或动作等来满足自己和他人的精神需求。既然“人是艺术的动物”，那么说“人人都是艺术家”就不过分。当然，称庖丁为艺术家与称毕加索为艺术家的含义是不一样的，这一点我们心里都很清楚。

然而，无论如何，“艺术家”毕竟是一种褒义的称谓或赞誉，它通常是别人赋予的。因此，要无愧于“艺术家”的称谓或赞誉，其人造的现象应当具有智性因素并能满足其他人的需要。

虽然，我们每一个人所做的每一次讲话和每一个姿势都可能是一件艺术品，但如果这些讲话和姿势缺乏智性因素，人们通常是不会用“艺术”或“艺术家”这样的词汇来称赞的。比如，我们不会称一个言谈举止平庸的美女为艺术家，而很可能会称赞一个善于打扮自己的普通女人为艺术家；同样是开玩笑，会开玩笑的人让人感受到相声艺术的快乐，而不会开玩笑的人反而会让人生厌，这“会”与“不会”与智慧有关。再以人的感觉为例，虽然触觉和味觉具有丰富细微的多样性，但这是两种低等动物（如海胆）也具有的非常原始的感觉。因此，人们纵然可以沉湎于触觉和味觉中，但很少有人去思考它们。而在生物演化的后期才出现的视觉和听觉中，形状、色彩、运动、声音等，就很容易被接合成各种明确的和高度复杂多样的空间的和时间的组织结构，所以这两种感觉就成了理智活动得以行使和发挥的最理想的媒介和场地。这也是为什么现行的以人的感觉为依据的艺术分类，忽略了触觉艺术和味觉艺术的原因之一。无论是广义的艺术或是狭义的艺术都是为了满足地球上最具智慧的生命——人的需要而存在的；所有能够使人感到生动、有趣、美妙的人造现象，都具有智性的因素。因此，智慧是艺术家的必需，只有当一个人的行为能以某种较为智性的方式满足了他人的需要，他才有可能获得“艺术家”的称誉。比如，我们所称道的“政治艺术家”“外交艺术家”“军事艺术家”等，都是其同行中表现突出的智者。

人是一种社会性的动物，个人的价值只有在社会中才能实现，绝对的、孤立的自我价值是不存在的。因此，只有其人造的现象满足了他人的需要，才有被誉为“艺术家”的可能，而且其价值的实现与被满足者的多少有关。某些极端的行为艺术由于无视大众的需要，甚至与大众的需要进行对抗，其结果只能是被社会否定和唾弃。与此相反，当今世界最走红的艺术家——演艺界的明星，他们拥有数量庞大的、狂热的“追星族”和不菲的收入。这些“明星”的成功虽然有赖于影视媒体的广泛传播，但更重要的是他们确实满足了人们的心理需要。艺术家的快乐在很大程度上源于其作品满足了他人的需要，这说明艺术家有一种以满足对方的需要为目的的欲望。从“满足他人的需要”这一点看，“爱”是艺术家所必需的。艺术家的爱，不仅是对他人的爱，也包括对自己和自己的作品以及他感受到美的一切事物的爱。

总之，智慧和爱心是艺术家所必需的品质，它是艺术家取得成功的内在因素；凡能以智慧的方式满足他人需要的任何人造现象，都可能被冠以“艺术”之名；而营造这种现象的佼佼者，则有可能被誉为“艺术家”。由此看来，生活艺术化并不遥远，只要拥有一颗充满智慧的爱美之心，并愿意付出行动，我们人人都是艺术家。

最基本的文化

2009 年至 2011 年，笔者主持并完成了文化部科技创新项目“襄阳市城乡一体化公共文化服务模式、方式和支撑技术的研究及实践”。该项目的完成客观上促使襄阳市成为第二批国家公共文化服务体系示范区，项目的衍生内容也获得了文化部创新奖的提名奖。该项目确有收获，不过笔者真正看重的却是另外一些与奖励和荣誉无关的收获：其中最重要的收获是厘清了什么是最基本的文化；由此第一次明确提出了公共文化服务最基本的内容；随后便完成了襄阳本土文化的寻根之旅。这是一个连锁反应的系列收获，似乎有些不可思议（因为该项目没有文化理论问题的研究任务，此类课题也早就应该由文化部的相关专家完成）。只有笔者心知肚明，引起反应、带来系列收获的根本原因就是“科学人性论”。

从表面看，该项目研究并不涉及纯理论问题，然而在深入的调研过程中，我们发现许多问题的存在恰恰与文化工作者对文化的基本理论问题认识不到位息息相关。尤为突出的是，长期以来我们并不清楚最基本的文化是什么，因此也不清楚公共文化服务最基本的内容是什么。如此断言，一因身边的亲人在各文化部门工作，二因笔者自己也有相关的经历。这也是笔者积极申报并竭力完成该项目的动因。

最基本的文化

文化是众多学科研究的对象，由于不同的学科对其研究的重点不同，便形成了众多的文化定义（据统计，有关“文化”的各种不同的定义至少有 200 多种）。在众多的文化定义中，一般都把文化分为物质文化和精神文化两部分，或者把文化分成为广义和狭义两种。关于广义文化比较普遍的认识是指人类在社会历史实践过程中所创造的物质财富和精神财富的总和。关于狭义文化，则较普遍地把它看作社会精神文化，即社会思想道德、教育、文学、艺术、宗教、传统习俗等及其制度的一种复合体。立足于公共文化服务工作者的角度，笔者认为“文化”可以作以下广义及狭义两种定义。

广义文化：“文化是人造的现象”或者“文化即人化”。

狭义文化：“文化是人造的符合其精神需要的现象”。

问题在于，即使我们的公共文化仅仅局限于狭义文化或精神文化，其内容也是极其庞杂的。这样的公共文化服务，政府是无法包揽的，至少目前公益性文化事业单位不可能提供如此宽泛的文化服务。

其实，所谓“公共文化”是指共有的或公用的，非排他性的文化。这也就决定了它并不是包罗万象的，或者说它并不包括具有排他性的“特殊文化”，它一定拥有自身不可或缺的最基本的内容。可以肯定的是，共有的或公用的，非排他性的文化一定是最基本的文化；只有厘清了最基本的文化，才能确立公共文化服务最基本的内容。

那么，什么是最基本的文化呢？要科学地回答这个问题就必须了解人的本质，尤其是人不可或缺的精神需要——人性，因为人是文化的创造者，也是文化的享有者。

当代科学告诉我们：万物同源；人是自然界自组织的结果。我们既然源于自然，那么自然的本性就永远不会从我们的灵魂中消失，这种本性无疑属于我们不可或缺的根本需要。据此，“科学人性论”用“物性示意图”为我们展现了人与万物相同的本性；用“高等动物本性示意图”展现了人与高等动物相同的先天本性；并指出了人与动物以及智人与猿人的本质区别。其中，智人与猿人的区别是我们厘清什么是最基本文化的关键。

“科学人性论”告诉我们，智人与猿人的最本质区别在于是否有狭义的艺术（想象力）；智人是艺术的动物——拥有想象力的人类才是智人。想象力是人类文化演变的前提和文明进步的推动力，因为想象力意味着创造力；而智人之“智”就在于其具有非凡的创造力。我们无法确知人类何时拥有了想象力，但可以判定它与艺术同时发生并伴随艺术活动不断增强和提升。大量的考古事实已经证明，美术、音乐、舞蹈等这些狭义的艺术只属于智人。智人的这种能力已经固化为现代人的一种特有的天赋或本能的需要，例如婴儿对音乐的旋律和节奏有着本能的和毫无困难的反应，两岁的儿童会自发地乱涂乱画。这种天赋或本能是其他任何动物都不具备的，也就是说，狭义艺术是智人的天赋，是智人区别于其他高等动物的特殊智慧，是智人的本质需要。著名学者易中天曾经说过：“事实上，在人类文化和文明中，艺术差不多是最早诞生的，比科学和哲学早得多，几乎仅次于工具。这说明什么？说明艺术必有大用！”[1]

---

[1] 易中天．破门而入——美学的问题及历史［M］．上海：复旦大学出版社，2007：8.

什么大用？易中天没说，但“科学人性论”已经为我们阐明。这里需要指出的是，工具并非只属于人类，即使我们把猿人的工具看作文化，它也只是非精神层面的广义文化；只有艺术才真正是精神层面的文化。关于文化与人的关系，著名思想家梁漱溟有过深刻的论述。

> 首先应须知道：人类只有脱离自然状态而生活的时候，亦即开始有文化时，方好称为人类。然开始有文化者何谓乎？何谓在生活上脱离自然状态乎？一句话回答：生活方法（渔猎、农牧、工矿等），生活用具（衣服、刀、斧、舟、车等），生活规制（婚制、政制、学制等），种种有关生活的事物，一切莫得种族遗传的本能而依靠之，却必依靠后天去创造、发明、发现是已。换言之，人要从创造、发明、发现来解决其生活上一切困难问题，那便是所谓文化或文明了。[1]

梁先生的上述观点不仅在“科学人性论”关于“智人与猿人的区别”中得到了印证，也得到了补充：有文化，方好称为人类；依靠创造、发明、发现而生存的现象才是文化；创造、发明、发现的前提是想象力；而想象力与艺术密不可分。

通过以上对人的本质的了解，我们不难看出狭义的艺术（以下所说的艺术均指狭义艺术）是智人不可或缺的本质需要，也是人类发展过程中最早出现的文化现象；人（现代人）可以不需要宗教、哲学、科学等其他文化，但作为一个最基本的人（现代人）是不能没有艺术的，也就是说，在所有人类文化中，只有艺术是没有排他性的文化。因此，我们说最基本的文化是艺术。

---

[1] 梁漱溟．人心与人生［M］．上海：上海人民出版社，2011：153．

公共文化服务最基本的内容

既然最基本的文化是艺术，那么公共文化服务最基本的内容或者说最主要的内容当然也是艺术。但是，艺术的范围极其宽泛，从名目繁多的艺术分类可见一斑：有依据艺术的存在方式的分类、依据人的感觉的分类、依据艺术的物化形式的分类、依据不同的美学原则的分类，还有依据不同的历史阶段、不同的地域以及不同的民族的分类等。可以说，艺术是一种近乎混沌的复杂现象。面对这样的情形，我们必须进一步厘清公共服务文化最基本的内容，唯有如此，我们的公共文化服务才会主次分明、重点突出，才能真正实现公共文化服务城乡一体化的目标。

我们认为，公共文化可以有很多内容，但其中最基本的内容应当是以艺术为主体的本土文化。所谓“本土文化”主要是指扎根本土、世代相传、有当地特色的文化。本土文化既有历史传统的沉淀，也有根植于现实生活的变化和发展。

确立本土文化的主体地位，至少有以下三个好处。

其一，确立本土文化的主体地位有利于文化的繁荣。有环境保护意识的人都知道，保护本地物种、防止外来物种入侵，是“生物多样性”的保障。“文化多样性”同样依赖于我们对本土文化的保护和发扬。例如，河南豫剧、曲剧的引入已经导致了襄阳乃至鄂西北地方汉剧的消失和花鼓戏的式微。近代以来，由于我们缺乏对本土文化的保护意识，加之西方强势文化的肆意入侵，对我们的本土文化更是造成了难以挽回的损失。

其二，优秀的本土文化有利于当地人的身心健康。本土文化是在特定自然、人文环境中孕育出来的适应当地人身心需要的文化。我国有很多优秀的地方戏，它们最适宜的人群主要在当地，并不一定适合其他地方的风土人情。比如，朴实、粗犷的秦腔适合干冷的西北地区，但在气候湿热的南方地区听秦腔可能会让人更加烦躁不安；缠绵婉转、柔曼悠远的昆腔会让江苏人陶醉，但陕西人听起来可能就觉得不过瘾。因此，确立本土文化的主体地位是“以人为本”的体现。

其三，确立本土文化的主体地位能激发人们对故土、家园的热爱之情。优秀的本土文化一定会唤起当地人的文化自觉，他们会因自己独特的文化而自豪，会更加热爱自己的故土、家园。这种“爱”正是构建和谐社会的序参量（自组织理论概念，在协同学理论中，序参量是支配系统演化状态，反映系统有序程度变化的状态量）。

至此，公共文化服务最基本的内容已清晰可见，那就是以艺术为主体的本土文化。这样的公共文化有大有小，大到一国、一省、一市、一县，小到乡镇、村、社区，各地都应该有；在常态下，这样的公共文化会因环境、历史等因素的不同而呈现出“十里不同风，五里不同俗”的繁荣景象。

长期以来，由于我们不知道最基本的文化是什么，不清楚公共文化最基本的内容是什么，导致我们在公共文化的供给和需求上，一方面出现文化资源的浪费问题；另一方面出现服务对象的“营养不良问题”或“温饱问题”。襄阳民间美术的窘况就是一个突出例证。几十年前，襄阳各地都有自己的民间美术，有些优秀的民间美术作品曾经参加过20世纪80年代在中国美术馆举办的“湖北省民间美术作品展”并出国展出，引起积极反响（改变了一些人认为湖北民间美术缺乏个性的印象）。然而在今天，这些优秀的民间美术大多数已经灭绝，现存的也濒临灭绝；许多城市人甚至是文化工作者，对襄阳民间美术的存在或灭绝闻所未闻、无从知晓。群艺馆、文化馆（站）本是保护、传承、发扬本土文化的主力军，然而其服务功能和中心地位已被图书馆等机构取代。一些文化馆（站）把服务地方政府的中心工作、艺术考级、办培训班或传播外来文化当成主业，对身边的本土文化尤其是新生的本土文化视而不见、听而不闻。

以艺术为主体的本土文化在公共文化服务中最突出和最基本地位的确立，必然凸显群艺馆、文化馆（站）在公共文化管办体系中的中心地位和主力军作用。这将有利于我们实现城乡公共文化服务模式、方式和支撑技术上的一体化，有利于我们更好地挖掘整理、保护传承、研究开发、创造发展、宣传弘扬本土文化，有利于社会的和谐、经济的发展和文化的繁荣。

襄阳本土文化的寻根之路

基于对本土艺术价值的认识，笔者自2011年起开始高度关注襄阳本土艺术，尤其是民间艺术。然而，本土艺术的现实令人触目惊心：20世纪80年代还存在的本土民间美术大多已经灭绝或濒临灭绝；襄阳本土的清戏、汉剧早已消失，取而代之的是河南豫剧、曲剧。另外，从整体上看当时的襄阳艺术，无论是绘画、书法，还是音乐、舞蹈，乃至于城市公共艺术，最缺乏的是鲜明的地域特色。

一方水土养一方人，一方人创造一种文化；水土不同则人不同，文化当然也不同。说到底，本土文化是由其特定的“生态”决定的。文化的演进如同河流，越是源远流长的大河其支流越庞杂。然而一条大河无论有多少支流，主流总是根本，源头只有一个；文化再复杂悠久，总有基于其特定“生态”的原点。人们常说文化要有包容性，但迷失了文化原点，也就失去了包容其他文化的“口袋”，最终的结果就是被其他文化裹挟、取代、同化。毋庸置疑，文化自觉当以特定地域的人彻悟到本土原生态文化之独特性为标志。

悠久而复杂的襄阳文化使我们很难彻悟其原生态文化之独特性。这种文化不自觉，已经导致襄阳本土传统艺术的快速消失和当下艺术的特色不鲜明。那么，襄阳本土原生态文化及其独特性是什么呢？本土艺术的寻根之旅理所当然应从民间艺术开始。幸运的是，透过残存的民间艺术，笔者终于发现了襄阳本土艺术的原生态，找寻到迷失已久的文化原点——楚文化。

襄阳民间艺术把笔者引向楚文化，这恰好印证了楚学泰斗张正明关于鄂西北是楚文化发祥地的论断。在鄂西北荆山孕育的楚文化拥有极其强大的优势：第一段长城出现在楚国；楚国最早创建“县”制；2000 多年前的楚国曾一度成为世界第一大国；公元前 206 年，楚人推翻了不可一世的秦帝国后建立起汉朝（汉民族由此得名）。楚国的艺术成就更是辉煌灿烂：20 世纪以前，她以文学艺术（楚辞）影响东亚；而此后，她以视觉艺术影响世界——大量的考古发现再次“一鸣惊人”，让世人惊羡可与古代埃及美术、巴比伦美术和希腊罗马美术相互辉映、相提并论的楚美术。根据张正明所著的《楚史》可知，楚国历史 800 年，而最初的 500 多年，其政治、经济、文化中心皆在襄阳境内。襄阳人有许多值得骄傲的历史人物和文化遗存，而最值得骄傲的莫过于“襄阳是楚文化的发祥地”。

这次本土文化寻根之旅取得了以下收获。

（1）认识到民间艺术最重要的价值。在人们心目中，民间艺术属于“下里巴人”的俗文化，然而正是这已被遗忘的俗文化固守着襄阳本土文化之魂魄。这“魂魄”就是楚艺术的“浪漫与神秘”特征。相形之下，那些受强势文化影响的“阳春白雪”的当今襄阳雅艺术，尚处于“魂不附体”或“失魂落魄”之态。民间艺术最重要的价值就在于它始终保留着本土文化的特征。

（2）发现了本土艺术消失的一般规律。在外来强势文化的影响下，最容易消失的是视觉艺术，其次是听觉艺术，最不容易消失是餐桌上的味觉艺术。这一规律背后的原因就是不断变化的意识形态，即越是与意识形态密切相关的艺术越容易消失。

（3）明确了襄阳本土艺术的奋斗目标。针对襄阳艺术的现状，笔者提出的“警醒襄阳文化自觉；呼唤荆楚文艺复兴”的口号已经得到了业内人士的认同。不少襄阳书画界、摄影界、盆景界、根艺赏石界的志同道合者已经开启了襄阳当代荆楚艺术的探索之旅。

亟待重视的美育

“美育价值的再认识”是笔者曾经申报过的一个教育部项目的自选研究课题。这个项目没有获批，原因可能是评审专家认为美育的价值早就被研究过了，没有再研究的必要。其实，笔者是依据“科学人性论”来重新认识美育价值的，这个课题直接针对中国的教育现状。

众所周知，目前中国的教育面临两大问题：一个是教育公平问题，一个是教育品质（质量）问题。笔者认为，教育公平是体制问题，而教育品质则主要是对“以人为本”教育的认识问题。如何提高受教育者的品德和创造力？这应该是当下教育品质问题的关键。为什么我们如此重视智育却很难培养出诺贝尔奖的获得者？为什么我们把德育放在首位却不能完全有效遏制青少年犯罪？为什么会有不少学生厌学并出现心理疾患？笔者认为，这些问题的主要症结在于我们没有深刻认识美育的价值，忽视了美育在基础教育中的重要作用。

人们对于某一事物的重视程度往往取决于对该事物价值的认识程度。美育得不到应有的重视，在基础教育中没有合理的定位，与我们长期以来不能确切回答“美是什么？”这个美学中最基本的问题有关。“美是什么？”是一个古希腊时代就已经存在的哲学难题。自柏拉图之后，一代又一代的哲学家、美学家试图解决这一难题，然而他们并没有找到一个公认的确切答案；进入20世纪70年代后，一些知名的专家甚至认为这个难题是无解的、没有意义的。美学的境遇尚且如此，我们当然不能指望人们深刻认识并真正重视美育。所幸的是，“科学人性论”帮助我们合理地找到了“美是什么？”的答案（美是人所感知的符合其需要的现象），并且回答了“艺术是什么？”的难题（广义的艺术是人造的符合其需要的现象；狭义的艺术是人造的以动情为目的的现象）。本书关于美育及其价值的认识是建立在“科学人性论”的基础之上的。

美育的目的

美是人所感知的符合其需要的现象。在这个定义中，“现象”体现了美的广泛性，它囊括了人能感知的所有的美；“合需要”说明了美的相对性，美与不美的原因是需要，符合需要则美，不符合需要则不美；“人”“感知”是美存在的前提条件，脱离了人的感知或者说那些没有被人意识到的需要，是无所谓美与不美的。由此我们可以看出，“需要”是美的关键，而人恰恰是一种需要最多并能不断创造需要的动物。人的这一特性，从原始人保留工具的那一刻起就已经具备。保留工具意味着原始人对自身创造力的自觉，意味着艺术（广义）的产生，同时也意味着我们祖先的爱的能力有了新的超越。爱是主体以满足客体的需要为目的的欲望。这种欲望或需要是自然进化的结晶，是生物协同性的极端现象，它最早发端于脊椎动物亲代对子代的保护意识，然后发展到相同的血缘关系之间，最后扩展到不同的血缘关系以及不同的物种之间。对工具的爱，使人区别于其他动物，由此开始，人类爱的范围越来越广阔（包括对抽象观念的爱），直至博爱。

有了超越其他动物的爱的需要，有了感受美、发现美、创造美的能力，人就成为地球上的万物之灵。然而，“万物之灵”的这些能力的开发与提升是离不开教育的，那些在幼年被父母抛弃后被狼、猴、猪等其他动物养大的人，他们的行为不像人而更像野兽。这就是美育之所以存在和必须存在的原因。

人们通常把美育理解为审美教育或美感教育，然而它的内涵绝不仅仅限于“审美”或“美感”。它有主体审美感受能力、审美认识能力的培养问题，也有主体在实践中创造美的能力的培养以及自我完善的追求等更加重要的问题。当我们对“美”和“人”有了基本的认识后，就能够更为准确地把握美育的内涵及其目的。简单地说，美育就是促进人对合需要现象的感知和创造的教育。美育的目的在于拓展人对符合其需要的现象（美）的感知和了解，从而激发其对生活世界的热爱和创造美的潜能。不难看出，美育实际上是一种博爱教育。

至此，我们也看清了美育与艺术教育的区别：艺术教育是以美育为基础的，甚至可以说它在很大程度上就是美育；所不同的是，艺术教育的一个重要任务是要培养受教育者的艺术（狭义）创作能力，即使受教育者掌握以动情为目的的创造能力。艺术是人造的合需要现象（美），而美育所涉及的合需要现象不仅包括了艺术的美，而且也包括了艺术以外的美。

英国艺术教育家赫伯·里德（Herbert Read）在介绍其著作《通过艺术的教育》主题时说道：

本书要探讨的主题，并非新创。很多世纪以前，柏拉图对这个主题已有明白而系统的说明，作者现在只是以能直接应用于现代的需要与情况的词汇，把柏氏对艺术在教育上的功能的意见，加以阐释。

这确是哲学史上的一件奇事。这位伟人的信徒，除了席勒（Schiller）之外，竟无一人曾慎重地继承他这一观念，这是他最宝贵的观念之一。一般学者对柏氏的这个主题了如指掌，他们歌颂其优雅、合理，完美，但对其适用性却从未作片刻之思。他们一直把柏氏这一最富情感的理想当作一关宏旨的矛盾说法，只能从失去的文化中来了解。

这个主题就是：艺术应为教育的基础。❶

在没有认识到美育的目的及其价值之前，人们是不会真正理解柏拉图这一观念的。在明确美育的目的后，笔者认为应当这个把主题改为“美育应为教育的基础”更好，因为这恰好体现了包含艺术教育在内的美育的目的及其价值——美育是先于德育和智育的。

先于德育的美育

我国教育理论界先后提出“三育说”“四育说”“五育说”的主

❶ 赫伯·里德．通过艺术的教育［M］．长沙：湖南美术出版社出版，1993：7.

张，并且还有人继续添加，出现了颇为滑稽的“德智体美劳军法”的说法[1]。不管哪种主张，都是把德育摆在第一位的，中国传统的教育理念也是如此。那为什么说美育是先于德育的呢？这个问题当从道德的源头说起。

康德在其《实践理性批判》快结束时这样说道：“有两样东西，我们愈经常愈持久地加以思索，它们就愈使心灵充满日新又新、有加无已的景仰和敬畏：在我之上的星空和居我心中的道德法则。”在康德时代，道德是从哪里来的就像宇宙本身从何而来一样，始终是一个谜。然而在今天，“道德的源头”问题已经不再是个谜了，“科学人性论”通过“高等动物本性示意图”（详见本书“论证篇”）为我们解开了这个谜。这个示意图揭示出包括人在内的高等动物特有的两种极端的欲望（也可以说是本性），即爱和恨。爱是生物自组织进化至高等动物阶段而出现的极端的协同性——以满足对方的需要为目的的欲望。爱，这种自然界最动人心弦、弥足珍贵的现象萌生于脊椎动物性爱和亲子之爱；伴随着动物脑的进化和繁殖数量的减少，这种欲望愈来愈强烈、愈来愈宽泛；对工具的爱（保留工具）标志着猿人的诞生；随着人类的文明进步，这种欲望最终进化至博爱。我们所推崇的“德”，其源头或者说其内核就是“爱”——无爱即无德，缺德即缺爱。那些所谓的恶人、坏人、奸佞的小人，实际上都是内心缺爱的人；我们所敬仰的圣贤都是一些博爱的人。

美育的目的在于拓展人对符合其需要的现象（美）的感知和了解，从而激发其对生活世界的热爱和创造美的潜能。美育本质上是一种博爱教育，而一个博爱的人无疑是一个有道德的人。因此，我们说美育是先于德育的，或者说美育是德育的基础。

---

[1] 翟葆奎．教育基本理论之研究［M］．福州：福建教育出版社，1998：627.

先于智育的美育

所谓智育，即教育者有目的、有计划、有组织地向学生传授系统的文化科学知识和技能的教育活动。中国社会主义学校智育的基本任务是：向学生传授系统的现代化科学基础知识和技能，大力提高学生的科学文化水平并培养科学态度，为学生奠定比较完全的知识基础；积极发展学生的智力，尤其是创造性思维能力和培育勇于探索的精神，发展学生多方面的兴趣和才能。由于智育立竿见影的功用，人类自有史以来从未忽视过智育，进入知识经济时代，人们更加重视智育。然而，迄今为止，人们并没有深刻认识到智育是以美育为基础的，或者说美育是先于智育的。

美育先于智育是符合教育规律的，是教育合理发展的必然。

1. 好的智育建立在美育基础之上

人们常说“兴趣是最好的老师”，因为当学习者对所学知识或技能发生兴趣时，会产生最佳的学习效果。这里所说的“兴趣”实际上就是美感（现象满足人的需要时的情绪、情感反应）的发生。好的智育或者说人性化的智育应符合两个最基本的要求：①所传授的知识和技能符合受教育者的需要（是其能接受和必须接受的）；②教育者能让受教育者深切感受到所传授的知识或技能是符合其需要的。当教学活动符合这两个基本要求时，受教育者会产生积极主动的学习欲望，从而达到事半功倍的学习效果；不好的智育（如填鸭式教育、应试教育）违背这两个基本要求，其结果往往使受教育者产生厌学情绪。

不难看出，让受教育者对所学知识和技能产生兴趣，意识到这些知识和技能符合自己的需要（美），乃至对所学知识和技能产生热爱之情，这其实就是美育的目的；好的智育或者说人性化的智育应当建立在美育基础之上。

2. 艺术教育具有不可替代的启智作用

艺术教育是美育最重要的组成部分。人们通常只把艺术教育看成是培养受教育者审美和创造美的能力的教育，而没有认识到艺术教育所具有的不可替代的启智作用。

古人类学告诉我们，现代人是智人的后代；在智人之前还存在过同样会制造、使用和保留工具，并且能使用天然火的猿人。据考古发现，智人与猿人除了体质上的差别外，还存在着能力上的显著差别：智人能创造狭义的艺术（美术、音乐、舞蹈等），而猿人却没有这种的能力。这种能力跟人的生存与发展似乎没有直接的关系，然而它却是人类迄今为止所有灿烂文明的源泉。艺术对于智人意味着什么呢？意味着想象力。想象力即形象思维加联想的能力。“科学人性论”告诉我们：智人与猿人的最本质区别在于是否有狭义的艺术（想象力）；智人是艺术的动物——拥有想象力的人类才是智人。没有想象力就不会生成艺术；而拥有了想象力的人类才真正拥有了无限的创造力；由此才使人类由达尔文式的缓慢的生物进化，转变为拉马克式的迅速的文化进化。也就是说艺术并非少数人的天赋，而是每个智人天赋，是人区别于其他高级类人猿的特殊智慧，是包括现代人在内的智人的本质需要。

然而，人的艺术天赋是需要开发和培育的，如果一个人在特定的年龄段根本没有使其艺术天赋得以开发的环境，没有艺术教育的熏陶，他的形象思维加联想的能力就会受到遏制。一个缺乏想象力的人是很难有所创造的，因此爱因斯坦说：“想象力比知识重要”。人们引以为豪的逻辑思维也是建立在形象思维能力之上的，著名心理学家、艺术理论家阿恩海姆指出：

> 思维需要意象，意象中又包含着思维。❶
>
> 语言只不过是思维的主要工具（意象）的辅助者，因为，只有清晰的意象才能使思维更能再现有关的物体和关系。❷

心灵没有意象就永远不能思考，创造性思维是以心灵中的意象为基础的，它是超越于科学和艺术界限的。心灵中意象的形成离不开敏锐的感知能力，艺术是增强这种感知能力的最有效手段，没有这种敏锐的感知能力，就谈不上意象的形成，故在任何领域中的创造性思维活动都是不可能产生的。有一个现象应当引起我们的注意，那就是许多大科学家和发明家都具有艺术爱好：大科学家哥白尼对绘画颇为爱好（至今还保留着一幅自画像），他曾经专程拜访过达·芬奇，向他学习绘画艺术；科学史上的巨人牛顿童年一度迷上了画画，他画苹果树时，注意到了影子的移动，由此引发了他对影子变化和时间关系的观察和思考；伽利略（Galilei）的手绘月面草图可与专业画家的素描相媲美；电报机的发明者莫尔斯（Morse）是一个兼画家和科学发明家于一身的人物，被誉为美国的达·芬奇；爱因斯坦在6岁时就从母亲那里学会了小提琴，他还喜欢即兴演奏钢琴；居里夫人（Marie Curie）喜欢音乐又修养有素；普朗克（Planck）有音乐天才；地质学家李四光善于拉小提琴；钱学森既擅长水彩画又喜欢弹钢琴。史蒂芬·霍金（Stephen Hawking）的母亲曾经回忆说：

> 史蒂芬在某些方面肯定是非常能干的，但不是所有方面。他

---

❶ 阿恩海姆. 视觉思维［M］. 北京：光明日报出版社，1987：372.

❷ 同❶，357.

相当晚才学会阅读；他妹妹就快得多。但他总是很多话；他也非常富有想象力，在这方面比数学方面发展得更快。他喜欢音乐和演戏。❶

这些科学家和发明家的艺术爱好与他们的成就有着必然的内在联系：艺术增强了他们的想象力；而丰富的想象力必然会促使他们有所创造。

此外，艺术教育之所以具有不可替代的启智作用，还因为艺术是最基本的文化（详见本篇“最基本的文化”）。从最基本的文化开始的智育才是符合教育规律的智育。

美育不仅先于德育和智育，它也贯穿在所有的教育之中，任何教育（哪怕是艺术教育）如果不能让受教育者感受到教学内容的美，就不是人性化的教育。美育既是手段也是目的，因为我们所要培养的“全面发展的人”就是完美的人。

目前我们的基础教育基本上是一种以传授知识（智育）为主要内容的急功近利的教育。其显著的表现有两个方面：①以升学考试为目的的应试教育成为基础教育的主宰；②基础教育中智育的内容和难度甚至超过了发达国家。虽然人们早已认识到应试教育的危害并对之深恶痛绝，但又找不到好的应对策略来改变现状；人们也看到了我们的基础教育与发达国家的差别（相比之下，这些国家基础教育普遍重视艺术教育，智育内容及难度低于我们），但并没有认识到正是这一差别导致了不同的结果：

2009年教育进展国际评估组织曾对全球21个国家进行的调查显示，中国孩子的计算能力排名世界第一，想象力却排名倒数第一，创造力排名倒数第五。

❶ 史蒂芬·霍金. 时间简史续篇［M］. 长沙：湖南科学技术出版社，1992：6.

美国几个专业学会共同评出的影响人类20世纪生活的20项重大发明中，没有一项由中国人发明。

当然，某些发达国家的基础教育并非完美无缺，比如他们同样也面临受教育者低情商的难题；由于美学的窘况，他们的美育同样没有得到足够的重视。

当我们对美育的目的以及它在德育、智育中的重要作用有了深刻认识，再来反思我们对美育的态度和美育的现状，就会明白为什么我们如此重视智育却很难培养出诺贝尔奖的获得者，为什么我们把德育放在首位却不能有效遏制青少年犯罪，为什么会有很多学生厌学并出现心理疾患，就会发自内心地痛惜我们对美育忽视！

毫无疑问，美育亟待受到高度重视。鉴于以上分析和目前国内外的教育现状，笔者认为，我们的“高度重视”应达到这样的程度——必须确立美育在基础教育中的主导地位。唯有如此，受教育者才有可能成为品德高尚并富有创造力的全面发展的人，我们的教育品质才能从根本上得到提高。

后记（求证）

“科学人性论”的有效性在本书的“验证篇”得到了一定程度的验证。其效果包括：解决了人类思想史上最难以捉摸的“美是什么？”和“艺术是什么？”的难题，并提出了基于人性的艺术原理；厘清了最基本的文化以及公共文化服务最基本的内容；重新认识了美育及其价值，并指出了我国基础教育的症结所在。这些只是笔者力所能及的验证效果。还有一个笔者已初步感受到的更大的效果，即“‘科学人性论’可以帮助我们实现构建和谐世界的梦想”，由于尚不能得到验证，笔者不得不放弃把它们写入“验证篇”的最初计划。见于这个“已初步感受到的效果”的重要性，笔者思量再三，决定在“后记”中介绍它。其内容由以下“博爱精神”“无敌原则”“稳态规律”“和谐社会”四个方面构成。

博爱精神

英国女王王冠上的那颗著名的克伊路尔钻石，据说是印度牧牛神用来考验人类的宝物，他想验证：人类会成就大智慧，还是会成为野兽？

我们可以自豪地说，历史上已经有人成就了大智慧；但我们又不得不承认，人类仍然处在考验之中。

那位牧牛神所要验证的大智慧，就是“博爱精神”。

博爱是一种超越自我、血缘、阶级、种族乃至物种的宽泛的爱，是地球上只有人类才有的精神现象。“科学人性论”证明了人性中“爱”的存在，指出“爱”是生物自组织进化至高等动物阶段而出现的极端的协同性，把“爱的演进”最终指向了“博爱”。根据现有史料我们可以初步确定，博爱作为一种文化现象即“博爱精神”形成于人类第一次“轴心时代”前后，而且在高级宗教中得以完美体现。

“轴心时代”是德国哲学家雅斯贝尔斯（Jaspers）提出的观念。他认为，在公元前500前后，在古希腊、以色列、印度和中国儿乎同时出现了伟大的思想家，他们对人类关切的问题提出了独到的看法。古希腊有苏格拉底、柏拉图，中国有老子、孔子，印度有释迦牟尼，以色列有犹太教的先知们，形成了不同的文化传统。雅斯贝尔斯在其名著《大哲学家》里，推出了四位有史以来最伟大的哲学家，他们是苏格拉底、佛陀、孔子和耶稣。他们四位之所以无与伦比，是因为他们都是人类主要思想范式的创造者，直到今天他们的思想仍是人类主要思想的来源，没有人可以想象，没有他们，人类今天将会是什么样子？不过，这四位最伟大的哲学家在人们心目中的地位是不一样的：佛陀和耶稣分别是佛教徒和基督徒信仰的对象，具有神圣的地位；孔子被后世尊为圣人；苏格拉底的头衔就是西方第一位人生哲学家。在笔者看来，这一现象与“博爱精神”有关。

“认识你自己”是苏格拉底人生哲学的理性原则。然而苏格拉底并没有完成“认识自己”的任务，正如他在回答美诺（Meno）的提问时所言：“实际上，我根本不知道美德是否能教，也不知道美德本身是什么……在这个方面，我和我的同胞们一样贫困。我很惭愧地承认，我根本没有关于美德的知识。”[1]“知识即德行”是苏格拉底提出的关于善的原则。苏格拉底在他自己的讨论中，并未给善下

[1] 柏拉图全集：第一卷［M］. 北京：人民出版社，2002：492.

一个十分明确的定义，也没有提出过明确的博爱主张。在色诺芬的《回忆苏格拉底》中，有一段苏格拉底与学生关于“正义”与“非正义”的对话值得我们注意。在这个对话中，苏格拉底要求学生列出两行，正义归于一行，非正义归于一行。苏格拉底问偷盗、欺骗、奴役等应归于哪一行？学生回答，归于非正义一行。苏格拉底反驳道，如果将军惩罚了敌人，奴役了敌人，战争中偷走了敌人的财物，或作战时欺骗了敌人，这些行为是否是非正义的呢？学生最后得出结论，认为这些都是正义的，而只有对朋友这样做是非正义的。这段对话让笔者想到了达尔文和萨姆纳（Sumner）关于原始民族道德标准的论说。达尔文指出，原始人所履行的道德行为“只限于同一部落或同部落的成员之间，在此之外犯罪则是一种光荣。即便同是印第安人，一个部落把另一个部落人的头皮剥下来，自鸣得意，当作是胜利品。”❶人类学家萨姆纳也曾指出，原始民族对“我群”和“他群”有双重的道德标准即善恶标准。在我群内部的相互关系是和平的秩序；对他群除为媾和所改变而外，经常是战争、掠夺。在群内的感情是忠诚、友爱、牺牲；在群外则是仇恨、欺侮、好斗。在群内不可偷盗、不可杀人；对群外，则反被认为是智慧和勇敢。❷希腊人的道德水准当然远高于一般的原始民族，但是苏格拉底与其学生的这段对话，至少可以让我们得出这样一个结论：苏格拉底的思想尚未达到博爱之境界。

圣人孔子的哲学是以“仁”为中心的。孔子的“仁”，具有多重含义，仅在《论语》中，“仁”字就出现了 109 次，其中表现“仁”的含义最直接的有：

---

❶ 达尔文．人类的由来［M］．北京：商务出版社，1983：176，180．

❷ 林惠祥．文化人类学［M］．北京：商务印书馆，1991：213．

樊迟问仁，子曰："爱人"(《论语·颜渊》)。

颜渊问仁，子曰："克己复归仁焉。为仁由己，而由人乎哉？"(《论语·颜渊》)。

子张问仁于孔子，孔子曰："能行五者于天下，为仁矣。"请问之。曰："恭、宽、信、敏、惠。恭则不侮，宽则得众，信则人任焉，敏则有功，惠则足以使人。"(《论语·阳货》)。

子贡曰："如有博施于民而能济众，何如？可谓仁乎？"子曰："何事于仁，必也圣乎！尧舜其犹病诸！夫仁者，己欲立而立人，己欲达而达人。能近取譬，可谓仁之方也已。"(《论语·雍也》)。

在孔子看来，"仁"最通常的意思是"爱人"，要承认人的人格、独立意志和生存的权利，要看到人类的存在，把人真正当作人来对待。孔子"爱人"的思想，在某种程度上超出了阶级、等级和家族的界限，强调对于一般人民的重视。孔子曾经教诲其弟子要"泛爱众而亲仁"(《论语·学而》)，如果说博爱即泛爱一切人，那么孔子的仁爱就是博爱。不过这种博爱的境界尚未达到佛陀和耶稣的高度。

一般认为，耶稣的中心观念之一就是黄金律（欲人施于己者，已必施诸人）。在 1993 年"世界宗教大会"通过的《走向全球伦理宣言》中，黄金律与孔子的名言"己所不欲，勿施于人"被确立为全人类都应当遵循的一项基本要求。然而事实上，黄金律早在耶稣出生以前就被认为是犹太教的观念之一，这一观念还见诸古印度的叙事诗《摩呵婆罗多》。而孔子的名言"己所不欲，勿施于人"基本上是黄金律的另一种表述。黄金律内涵的哲学观点并非耶稣首倡，难道这意味着耶稣就没有自己的道德观念了吗？完全不是！马太福音第 5 章第 43、第 44 行就提出了一个全然与众不同的见解：

你们又听过这样的教训说：爱你的朋友，恨你的仇敌。但是我告诉你们，要爱你们的仇敌，并且为那迫害你们的人祈祷。

在前几行还有："……不要向欺负你们的人报复。有人打你的右脸，连左脸也让他打吧！"这些观念，并不是耶稣时代犹太教的一部分，而是犹太人有史以来最独特和最新颖的博爱精神。

佛教同样主张逆来顺受和非暴力主义，不存怨恨之心，反对以牙还牙，以怨报怨；佛教以慈悲为本，要求不仅布施于人，做到"惙己惠人"而且要恩及畜生，甚至舍身饲虎，割肉啖鹰。佛陀宣扬博爱并教诲人们必须不断地增加这种爱，直到整个世界都充满它的光芒：

我们的心不能动摇。我们不能有任何恶语。我们必须温柔，慈善行事，以博爱为宗旨，革除任何邪恶之意。我们将用爱，甚至是无边无际的爱的光芒照亮万物。❶

这是人类的博爱所能达到最高境界。

"哲学家和人类学家们常常告诉我们，宗教之真正的最终根源在于人的依赖感。"❷那么人们到底依赖宗教的什么呢？其实就是上帝或神的爱。爱是宗教的灵魂，没有爱就不会有信仰。而博爱精神的出现，是包含着人类精神的宗教在轴心时代的一次超越——出现了像佛教和基督教等具有世界意义的高级宗教。博爱精神正是千百年来无数人信仰佛陀和耶稣的原因所在。

博爱精神虽然拯救过许多人的灵魂，也曾使与之相关的宗教盛行于世。但人的竞争性本性是难以克服的，在它的驱使下，宗教开

---

❶ 赵书．佛经的智慧［M］．呼和浩特：内蒙古人民出版社，2005：54.

❷ 恩斯特·卡西尔．人论［M］．上海：上海译文出版社，1985：117.

始分化，甚至出现迫害异教徒和宗教战争的悲剧。常常有人说，如果基督再降人世，他将对以他的名义所做的许多事情感到震惊，对自命为信徒的人们所进行的派系间的血腥战争感到惶恐。在如此情形之下，加之难以自圆其说的神话、迷信等因素，面对西方理性文化的冲击，宗教逐渐失去了它在人们心目中的神圣地位，与之相随的文化对人类社会所能发挥的作用自然会越来越小。

美国学者威廉·巴特雷（Willian Barrett）在《非理性的人——存在主义哲学研究》中谈到西方理性主义传统时，曾举例说道：

> 例如，假设有一条路，人家告诉我们：我们当走这条路；我们如果问“为什么”，人家就会回答说，我们应当如此是因为走路本身就是愉快的或有用的（有益健康）；但是如果有人对我们说，在这条路的尽头有一件无价之宝，那么，走路的命令对我们就有不可抗拒的分量。然而，从现代人的视界里消失掉的，正是放在路的尽头的这件珍宝，理由很简单：因为路的尽头本身已经消失不见了。[1]

在笔者看来，用这段耐人寻味的话来比喻宗教与博爱精神的关系倒是很恰当：这“路的尽头”就是宗教信仰，而那件“无价之宝”就是博爱精神。

上帝死了，宗教不再可信，我们还能找到“博爱精神”存在的理由吗？一条通向宝藏的道路垮掉了，路的尽头消失了，但宝藏还在，通向宝藏的路也不会只有一条。那另一条通向宝藏的路就是基于科学而建立起来的人学！且不说我们已经用科学理论证明了包括人在内的高等生物本性中“爱”的存在，单从科学所揭宇宙、物种、人类的起源而言，我们就可以找到两条“博爱精神”存在的理

[1] 威廉·巴特雷. 非理性的人——存在主义哲学研究［M］. 上海：上海译文出版社，1992：94.

由：①人类有一个共同的母亲；②万物有一个共同的起源。

如果人类有一个共同的母亲，天人本来就是合一的，我们还有仇恨和贪婪的必要吗？如果我们心中不再有怨恨和烦恼，只有无尽的爱与感恩，还需要祈求来世的幸福吗？只要人人都怀着一颗爱与感恩之心，我们当下即生活在极乐的天堂中。

无敌原则

弗洛伊德在其名著《文明及其缺憾》中指出了人类痛苦的根源以及文明的最大障碍——人类相互之间的敌视，并力求探寻一个解决问题的方法：

我们受到来自三个方面的痛苦的威胁：来自我们的肉体，它注定要衰老和死亡，而且，如果我们的肉体失去了疼痛、焦虑这些警告信号，它甚至就不可能存在；来自外部世界，它可能毫不留情地以摧枯拉朽的破坏势力与我们抗争；来自人际关系。人际关系方面的痛苦大概比前两个更厉害。❶

我们在自己的内心中可以觉察到这一进攻倾向的存在，而且正确地设想它也存在于其他人身上。这一倾向的存在是扰乱我们和邻居关系的一个因素，并且迫使文明耗费了如此之高的能量的代价，由于人类的这一原始的互相敌视的缘故，文明社会永远存在着崩溃的危险。❷

我们已经知道，摆在我们面前的问题是如何摆脱文明的最大障碍——人类互相间进攻的气质上的倾向；正因为这个缘故，我们才尤

❶ 弗洛伊德．文明及其缺憾［M］．合肥：安徽文艺出版社，1987：16．
❷ 同❶，57．

其关心可能是超自我的最新的文化要求，即爱邻犹爱己的训诫。❶

“爱邻犹爱己”这一训诫是对人类进攻性的最强有力的防备，并且是文化超自我的非心理学行为的一个出色例子。这一训诫是不可能实现的；如此庞大的爱的膨胀只能降低其价值，而不能摆脱人类相互进攻的困境。❷

对我来说，人类的决定性问题在于，他们的文化发展能否并在多大程度上控制住他们的进攻性和自我破坏本能对他们的集体生活的干扰。❸

由以上论述可知，弗洛伊德认为博爱是对人类进攻性的最强有力的防备，但他又不相信博爱能够实现。的确，以当前的现实，博爱精神不可能在短期内得以普及。然而，我们无论如何应当首先确立一个起码的原则——无敌原则。

所谓敌人，即有利害冲突不能相容的人。敌意是竞争性的极端表现，因为没有恨便没有敌人。而恨是人类社会混乱无序的熵，恨以及它所导致的恶果则是我们精神痛苦的原因。因此，无敌原则实际上就是无恨原则。人一旦没有了恨，便远离了精神上的痛苦；社会一旦远离了恨，和谐即近在咫尺。

也许我们可以避免极端的竞争性——恨，在自己心里清除敌意，这不仅因为唯有如此，我们才能减免内心的痛苦，还因为我们与其他人以及所有的万物原本都有一个共同的起源。但是，生活中确实存在“恶人”“坏人”“奸佞的小人”，我们又该如何面对他们呢？说到底，“恶人”“坏人”“奸佞的小人”无非是一些缺德的人。人的缺德与爱的缺失有关。例如，米兰达·特威斯（Miranda Twiss）

❶ 弗洛伊德. 文明及其缺憾［M］. 合肥：安徽文艺出版社，1987：94.
❷ 同❶，95.
❸ 同❶，98.

在《历史上最邪恶的人》一书中所列举的大恶人，他们大多都成长于缺乏爱育的环境之中。让我们来看一看特威斯对“恐怖大公”俄国沙皇伊万四世童年生活的描述：

伊万三岁时，父亲就驾崩了。俄国宫廷陷入混乱……在外人看来伊万好象过得很不错，但这其实只是一种假象。在这个年少敏感的孩子面前，摄政王用尽各种刑罚折磨和杀害其他人，那些因惊恐哭泣或死里逃生的贵族们往往将他从睡梦中叫醒。

此时的伊万生活在一种充斥着监视、毒辣和暴力的环境中，因此他逐渐将生命视为一种强悍的食肉动物，渴望追逐猎物并享受折磨猎物的乐趣。他将所有的不满和沮丧都发泄在手无缚鸡之力的动物身上（例如小狗和小猫）。他将它们的眼睛戳瞎，然后再把它们从克里姆林宫的高塔上向下扔，然后他跑下楼，看着它们慢慢死亡。这不仅仅是一种娱乐，简直就是享受。

由于受到母亲的疏远，伊万很孤独，并且患有幻想症。他知心的保姆阿格拉菲娜·欧伯伦斯基也被摄政王瓦西里·舒斯基送往女修道院。伊万和他的弟弟“傻子犹雷”在克里姆林宫过着如同乞丐一般的日子。宫廷外到处都是手握武器的卫士，他们经常闯入伊万的房间，捣毁家具，拿走一切他们喜欢的东西。

1538年，伊万看着他的母亲在痛苦中死去，母亲是被那些官衔仅低于王子、拥有大量土地的贵族们下毒毒死的。他们还将伊万的一个皇室心腹活生生地剥皮，置于莫斯科广场展览。伊万剩下的童年时光也都是生活在恐怖和残暴之中，各个仇家为争权夺利而互相倾轧争斗。他们每搞一次阴谋，伊万就增加了一分仇恨。他的心智和对整个国家的人民的态度都遭受了破坏性的影响。❶

❶ 米兰达·特威斯. 历史上最邪恶的人［M］. 北京：东方出版社，2004：146.

有人研究，黑猩猩与男人的竞争性、攻击性与其睾丸素的多少有关。通常，军官和头号黑猩猩的睾丸素比士兵和一般雄性黑猩猩多。也许伊万的睾丸素多与常人，但如果没有那样的童年遭遇，就不可能造就出后来的“恐怖大公”。特威斯在书中还提到了阿道夫·希特勒的早年生活境遇：

阿道夫是家里的第三个孩子，也是他父亲第三次婚姻所生。父亲名叫阿洛伊斯，是一个海关官员，顽固、冷酷、没有同情心且脾气暴躁，年纪比阿道夫的母亲卡拉拉要大不少。阿道夫忠诚地保护着他的母亲，在他眼中，父亲简直就是一个禽兽不如的人。后来他上了学，学校的记录中至今记着对他这样的评价：“缺乏自律、傲慢自大、脾气暴躁，对给予他的批评或建议，他总是报以恶意的敌视。与此同时，他却喜欢对其他同学提一些并不合理的要求和建议，想象着自己是领导。”后来他没有拿到毕业证就离开了学校，这一挫折曾积压在他心头很长时间。❶

此外，书中所数落的冷酷无情、背信弃义的英格兰君主约翰王，擅长刺刑的罗马尼亚魔鬼王子弗莱德，“血腥”英国女王玛丽一世等人，都成长在一个缺乏爱和邪恶的环境之中。总之，这些邪恶的人内心充满着敌意和仇恨，他们是一些心理上有严重缺陷的变态的人。说到这里，我们必须承认，家庭、社会乃至学校对邪恶之人的形成具有不可推卸的责任。美国有一个曾经是顽固罪犯后改邪归正名叫威廉·桑兹人说过这样的话：“所有的罪犯都不满他们儿童时代所受到的待遇。他们的老师不公正，他们的父亲又不真诚，他们的母亲是一个坏女人，还有其他各种各样的不满——所以他们进行反抗……每次服刑他们都心怀仇恨和愤懑，有些人急于出

❶ 米兰达·特威斯. 历史上最邪恶的人［M］. 北京：东方出版社，2004：195.

狱，以便能再次证明他们仍旧是一个不公平的制度的反叛者。”❶马斯洛经过多年临床实践和研究积累后得出这样的结论：基本需要得到满足的那些人总是更健康、更幸福、办事更有效；而基本需要受到挫折的人，都会出现心理变态症状。他还明确指出：“婴儿出生后的头十八个月里，如果不是生活于一个充满友爱关系的环境中，那么长大后他们可能会有心理病态，无法爱别人，也不会需要别人的爱。”❷

一旦我们明白了竞争是人的天性，以及邪恶之人的成因，就应当知道如何面对“恶人”“坏人”和“奸佞的小人”。在笔者看来，对待“恶人”“坏人”和“奸佞的小人”，一方面要避免使他们获得不应有的权力；同时又要尽可能采取补救措施（主要是教育感化）；最重要的是，我们没有必要因他们的存在而心生仇恨。我们必须要做的是，自己不恨，教育下一代不恨，同时挽救、感化那些已经有恨的人。其实，那些罪大恶极的人并非一点爱心都没有，比如他们爱自己的亲人、自己的宠物等，这是他们灵魂获救（成为正常人）的希望之所在。里普斯就说过：“一个人，即使他是罪大恶极的罪犯，对于我永远是人，和我一样的人。他身上有着人性和人的贵重性。”❸马斯洛也认为，人的大多数邪恶是由于人的软弱和无知，这也是许多人做坏事、造成自己的悲剧和自毁的原因，同时也是他们堕落生病的原因，但这种软弱和无知是可以理解的，可以宽恕的，而且也是可以治好的。按照马斯洛的观点，人只要任何一个基本需要受到挫折就可以把他想象成病人，那么“恶人”“坏人”和

❶ 弗兰克·戈布尔．第三思潮：马斯洛心理学［M］．上海：上海译文出版社，1987：152．

❷ 同❶，85．

❸ 马奇．西方美学史资料选编：下卷［M］．上海：上海人民出版社，1987：809．

“奸佞的小人”就是程度不同的重病患者；人们经常会怜悯那些贫困的人，实际上缺德的人是精神上贫困者，我们也应该怜悯并帮助他们。

确立无敌原则并不否定人的竞争本性，合理的竞争是人以及社会不可或缺的需要。我们不仅需要通过体育、游戏等活动来释放竞争性，还需要竞争性来推动、完善我们的工作和学习；合理的竞争会给人类的社会生活带来生机、活力和进步。

然而，过激的竞争很容易产生敌意，演化为不合理的竞争。竞争的合理与不合理，只有“恨”这一念之差：无恨的竞争即合理；有恨的竞争即不合理。这一念之差的确很难把握，即使是原本弘扬博爱精神的宗教，也会因过激的竞争而走向爱的反面，导致灾难性的后果。今天的世界仍然时常发生宗教以及教派之间的不合理竞争。由此看来，我们必须远离过激的竞争，确立和坚持无敌的原则。

只要政治家的观念中还有敌人，人类的战争就不会停止；只要人心尚存敌意，再完备的法律也阻止不了人对人的伤害，痛苦、烦忧将永远纠缠着我们。无敌原则是我们断除劣根，走出困顿，迈向圆满的必由之路。

稳态规律

当今世界的主题是和平与发展，其中和平的重要性更甚于发展。这里所说的“稳态”是指系统的稳定状态。研究如何维持系统的稳定状态的学问是人类当下的急需，因为我们希望世界和平、希望国家等人类社会形态的稳定，希望家庭的和谐以及个人的心理健康，还希望我们赖以生存的生态环境得以保护延续。在笔者看来，关于“稳态”的学问，我们一方面要学习古人的智慧，汲取中庸之道的精要；另一方面要在当代系统科学的基础上，更深入地研究系统稳态规律。

1. 汲取中庸精要

中庸（中：折中，调和，无过无不及。庸：平常，普通）是儒家所主张的待人接物采取不偏不倚，调和折中的态度。孔子说：“中庸之为德也，其至矣乎！民鲜久矣。”（《论语·雍也》）孔子把中庸看作最高的道德标准，认为人们缺少此德已经很久了。无独有偶，亚里士多德的伦理思想的核心也是中庸。即每种美德只存在于两种极端之中，如勇敢是怯弱与鲁莽间的美德，智慧位于愚蠢与狡诈之间，节制位于贪婪与禁欲之间，慷慨位于吝啬与挥霍之间等。这一切需要人们凭自己的意志恰如其分地进行选择。

生活中许多现象可以印证中庸的灵动和富有生机的优势。人体的关节就是一个典型的例子。生物学中把人的关节分为灵活关节、半灵活关节和非灵活关节。如果我们把只能屈伸而不能环转的关节（如指关节）都算作半灵活关节的话，我们会发现这样一些规律：①灵活关节从来不会出现在肢体的顶端或末端，如指关节是只能屈伸的半灵活关节，颅骨是非灵活关节，脚趾关节也是只能屈伸的半灵活关节；②越是接近肢体的顶端或末梢，关节的活动范围就越小，反之越大，如手指只能画出直径 1 厘米左右的圆，加上手腕可以画出 10 厘米左右的圆，再加上肘关节可以画出 30 厘米左右的圆，用肩关节可以画出 130 厘米左右的圆，加上腰的运动可以画出 200 厘米左右的圆……（以身高 170 厘米的人为参照）；③最灵活且活动范围大的关节总是居于人体的中部，如上肢的肩关节、下肢的髋关节、脊柱中部的五个腰椎。人体关节的这一现象与绘画中的点、线、面的“线”（绘画中最具运动感的形式要素），黑、灰、白的“灰”（具有无穷变数的中间环节）有异曲同工之妙——居中的大多是最有活力的。

所谓中庸之道就是孔子提倡、子思阐发的提高人的基本素质达到太平和合的一整套理论与方法。其内容集中反映在《中庸》的三十三章之中。按牟钟鉴先生所总结的中庸之道的内涵，大致有以下几点：

第一，以中道行事，不走极端；

第二，执两用中，实行稳健的主张；

第三，符合社会人生常道，做到合情合理；

第四，宽容包纳，和而不同。

牟钟鉴先生指出：“儒家中庸之道有持中、稳健、理性、包容、调和的特色，它是一种温和主义，适用于社会改良和社会稳定，故它在20世纪大半时间里不能不遭到冷落和反对，因为这个时期社会革命高涨，集团、阵营之间的对抗十分激烈，斗争哲学因此大行其道。”❶这里所说的与中庸之道相反的“斗争哲学”让笔者联想到耗散结构理论❷中的“涨落”。涨落（又叫波动）是事物内部存在的自发偏离平衡的运动趋势，表现为随机的扰动。在远离平衡态的系统中，局部涨落会通过相干效应得以迅速放大，形成宏观的“巨

❶ 牟钟鉴. 儒家中庸之道与人文理性精神［EB/OL］.（2006-1-23）［2006-4-23］. http://www.ica.org.cn.

❷ 耗散结构理论：普里戈金于1967年创立。该理论指出，一个远离平衡态的开放系统（力学的、物理学的、化学的、生物学的、社会的、经济的、文化的），可以通过不断与外界交换物质和能量、信息，在外界条件达到一定的阈值时，从原有的混沌无序的状态转变为一种时间上、空间上或功能上有序的状态。耗散结构就是指这种远离平衡态条件下形成并维持下来的有序结构。

涨落”，导致全新的定态，实现全新的有序结构和功能体系。而对于平衡或近平衡系统，涨落有时不能发挥其作用，有时则起消极作用，因为很难形成新的有序结构。

笔者认为，中庸之道的精要就是“以中道行事，不走极端”，也就是远避过激行为。回顾人类的历史我们不难看出，除了那些非人为因素的“天灾”，几乎所有的“人祸”都是人的过激行为造成的，大到战争以及各种地区性、世界性的危机，小到人与人之间的戕害和精神摧残。任何过激行为均会产生不良后果，这是一个已被人类的历史反复证明，并能用当代最先进的科学理论来证明的关于人的行为方式的“定律”。

所谓过激行为，是人类偏激、过度、极端行为的总称，它是一种不遵循客观事物发展规律的非理性的行为方式。孤立、片面、主观地看问题和急躁情绪，是导致过激行为的根本原因。过激行为必然会产生不良后果，诸如“事与愿违”“过犹不及”“弊大于利”乃至“灾难”“毁灭”等。

过激行为在政治上的表现是“战争”“暴力”“恐怖主义”“独裁”。它是人类历史上大多数痛苦与灾难的直接原因。经过 20 世纪两次世界大战空前灾难，人类虽然有所醒悟，然而当今世界许多政治家并没有放弃过激行为（更不用说主张“无敌原则”）。

过激行为在经济上的表现是“过度开发”“单一的经济模式”“通货膨胀”“通货紧缩”等。它所带来的危害是社会经济的混乱、社会矛盾的加剧、生态的破坏、环境的污染、资源的浪费，并最终影响到人类的生存。

过激行为在文化上的典型表现是“反传统”。它滋生了一些畸形、乏味甚至是有害的文化现象，而丧失掉前人留给我们的最可宝贵的精神遗产。

对于一个人来说，他的过激行为无论是对自己还是对他人，只要有了过激的因，必然会产生不良的果。哲学家叔本华就曾经因为一次过激行为而承受了二十多年的恶果。叔本华某天回到家里，发现女房东和她的朋友们正在他的客厅里愉快地大声喧哗着，他强压怒火，礼貌地劝她们出去。别人都被吓跑了，偏偏女房东上了倔劲，就是不出去。他大发脾气，狂暴地把她摔出了屋外。女房东声称手臂被伤残，告到法庭。讼事凡五年，尽管叙本华请律师百般辩护，终被判处供养女房东一生。这样的因果报应有时是立竿见影的，比如我们急速吃鱼会被鱼刺卡住了嗓子、超速驾驶或闯红灯横穿马路容易出现车祸、患有血压和心脏疾病的人会因为过激行为危及其生命等。

遇事沉着冷静、不急躁是符合中庸之道的；常言所说的“事缓则圆”也是远避过激行为的正面例证。协同学支配原理告诉我们：在系统演化的临界状态，快变量或稳定模由于衰减快而迅速消亡，或在竞争中被其他模式同化，因而不能左右系统的演化，犹如过眼云烟一般，不会留下印记；慢变量和不稳定模则不同，它们“欢迎”变化，适应变化，因而伴随系统的不稳定性增长而增长、发展，随之成为主宰系统自组织进程的主要力量，支配着其他模式的行为。这是中庸之道在当代自组织理论中的理论依据。

在文化的选择方面，愈是后发者愈是具有更多的选择便利。如同样是市场文化的选择，从引进（创发）到成熟，英国最早，法国次之，德国又次之，美国更次之，但他们需要的时间却是英国最长（500 年），法、德、美次之，日本最短（100 年）；中国是后来者居上，仅用了几十年的时间就完成市场文化的引进并到达成熟。

除了“以中道行事，不走极端”以外，中庸之道还有许多可供开发利用的思想资源，只是“远避过激行为”更有利于我们处理各种危机。

2. 研究系统稳态规律

相对于运用“远避过激行为”来处理危机，了解系统稳定状态的客观规律显得更为重要，因为避免危机的出现才是我们的目标所在。在笔者看来，系统科学并不缺乏对系统稳定状态的研究（如控制论就是研究动态系统在变化的环境条件下如何保持平衡状态或稳定状态的科学），但当代系统科学更偏重于研究远离平衡态的开放系统如何形成新的有序结构。

笔者从视觉艺术这个人造系统的研究与实践中，隐约看到了被当代系统科学忽视的系统稳态规律。在本书“验证篇”艺术原理部分，笔者提出“生动性是艺术形式美的总要求”，并指出仅仅避免对称并不必然产生生动的艺术效果，要达成作品形式上的“生动性”，还应当处理好作品竞争性形式诸要素之间的关系——使它们的关系“主次分明”。笔者由此发现，“主次分明”视乎是自然界自组织系统普遍存在的稳态规律，例如太阳系中的太阳是“主”，八大行星就是“次”；原子中的原子核是“主”，核外电子就是“次”；即便是由基本粒子构成的质子或中子也存在主次关系——质子由两个上夸克和一个下夸克构成，而中子则由两个下夸克和一个上夸克构成。也就是说，稳态系统（无论是天然的还是人工的）构成要素之间的关系不是平等的，而是有差异的；正因为有差异才有势能，才会出现“生动”的效果。这正是充满生机的“稳态”不同于没有差异的“平衡态”的关键所在。此外，稳态系统的构成要素不仅存在差异，而且这差异还必须达到“分明”的程度。那么，达到什么程度才算是“分明”呢？笔者在艺术实践中已经深刻领悟到，古希腊人发现并广泛应用的黄金分割[1]正是达成系统要素主次关系“分明”的阈值：只有作品系统构成要素之间的比例关系达到或超过此阈值（即将整体一分为有“主次”关系的二，那么“主”在整体中的比值应≥0.618），才会出现“主次分明”的生动效果；否则，作品会出现“喧宾夺主”的混乱无序局面。笔者认为，这个“主次分明”及其“黄金分割”阈值极有可能成为系统科学中关于系统稳态的一个原理，其表述为：所有的自组织系统均存在主次关系，而“主次分明”是系统稳定的基础。当然，它能否成为原理还需要进一步严密的论证。而一旦这个原理成立，它极有可能影响人类早已存在并通行至今的“投票过半即通过”选举制度，因为主次不分明的勉强过半是不能形成稳态系统的。

立足于艺术教育和艺术创作者的角度，笔者期待这个“系统稳态原理”或“系统稳态理论”经过严密论证成为被科学共同体认可的、具备普遍性和必然性的原理或理论；立足于构建和谐世界，笔者更加期待这个原理或理论能够早日形成并得到应用。

和谐社会

“熵”与“序参量”分别是热力学和自组织理论的概念。这两个概念让笔者联想到了“高等动物本性示意图”中的“爱”与“恨”，从而得出以下结论：

恨——人类社会混乱无序的熵；

爱——人类社会和谐的序参量。

[1] 黄金分割是指将整体一分为二，较大部分与整体部分的比值等于较小部分与较大部分的比值，其比值约为0．618。这个比例被公认为最能引起美感的比例，因此被称为黄金分割。

要理解此结论，我们必须先来了解一下熵与序参量的概念。

熵在希腊语中是“变化”的意思，它是德国科学家克劳修斯（Clausius）首先引进到物理学中的，用来说明热力学过程的不可逆性。1850 年克劳修斯提出了热力学第二定律和“熵”的概念（熵——热量被温度所除的值），他发现，一个系统的热含量与其绝对温度之比，在系统孤立（不与外界发生能量交换）之时总是会增大，在理想状态下将保持不变，但在任何情况下都不会减少。克劳修斯是从宏观热力学角度来研究熵的。所谓“宏观”，也就是说，我们是用温度、热量、体积、压强等宏观物理量来描述所研究的体系。

那么，从微观角度看，熵又代表了什么呢？奥地利著名物理学家玻尔兹曼给出了他的答案：熵就是无序度！

我们知道，气体内分子的数目是非常大的，我们根本不可能描述每一个分子的运动。为了解决这个难题，玻尔兹曼利用了统计的观念，用考察分子运动排列的概率来对相关物理量进行研究。

根据玻尔兹曼熵公式 $S=K\ln W$，熵 S 越大，W 也就越大，即微观态数越多，也就是说，分子可以处在更多的微观状态。从宏观上看，整个系统就越混乱无序。由此，我们可以看出熵 S 的微观意义：熵是分子运动或排列混乱程度的衡量尺度，或者说，熵是系统内分子热运动无序性的量度。

玻尔兹曼熵公式直接沟通了热力学系统的宏观与微观之间的关联，并对热力学第二定律进行了微观解释。原来，热力学第二定律仅仅表明，如果没有外界的干涉，一个孤立的系统总是会越来越混乱。正像懒人的房间，如果没有人替他收拾打扫，只会越来越杂乱，决不会自己变得整齐起来。

1865 年，克劳修斯将热力学第二定律运用于宇宙演化，提出了著名的“宇宙热寂论”，认为整个宇宙的总能量是一个常量，随着熵的不断增大，所有的能量形式，机械的、物理的、化学的、生命的都将转变成热能，而热又总是自发的由高温部分流向低温部分，直到温度处处相等的热平衡状态（此时宇宙的熵趋于极大值）；而一旦达到这一状态，任何进一步的变化都不会发生了，于是宇宙就进入了一个热的、然而是死寂的永恒状态。这确实是一种悲观的令人绝望的看法。人们因此有理由相信，玻尔兹曼后来的自杀与“宇宙热寂论”这个幽灵有关。

但是，仅从科学实验出发得出的“宇宙热寂”结论是存在问题的：它把世界看为一个机械的，封闭的系统。事实是，生活经验和科学发现中存在着大量开放的自组织系统，比如地球的演化、生物的进化和人类社会的发展等。系统论的创始人冯·贝塔朗菲（Von Bertalanffy）指出：“在封闭系统里，熵的变化只是取正值，秩序不断被破坏。但在开放系统中，不仅由于不可逆过程而产生熵，而且也可能输入负熵。生命有机体就是这样的实例，它输入具有高度自由能的复杂分子，生命系统就能够避免熵的增加，以维持自身的稳定状态，而且还可能向有序件和组织性更高的状态发展。”[1]

20世纪30年代，布拉格（Bragg）和威廉姆斯（Williams）在研究合金的相变时，曾经提出一个很好的能够表示出相变特征的量——即表征相变后系统有序的性质和程度的序参量。它的基本特征是：在相变前的旧结构下，序参量为零，从相变点始，序参量取非零值；在不同问题中，序参量的结构和含义很不相同，是特殊问题，而一旦找到序参量，以后的描述就是普遍性的了。以序参量作为结构变化定量化的判据比“熵”更为有效，因为“熵”在相变点

[1] 冯·贝塔朗菲. 一般系统论：基础、发展和应用［M］. 北京：清华大学出版社，1987：37-38.

不发生跃迁，因此无法区分相变前后的两种结构。

20 世纪 70 年代，赫尔曼·哈肯创立协同学时引入了“序参量”的概念。在协同学理论中，序参量是支配系统演化状态，反映系统有序程度变化的状态量。它是系统从无序到有序变化发展的主导因素，决定着系统的自组织行为。当系统处于混乱时，其序参量为零；当系统开始出现有序时，序参量为非零值，并随着外界条件的改善和系统有序程度的提高而逐渐增大；当序参量将要达到引起系统发生根本性转变的临界点时，其一个很小数量的变化就会使系统出现宏观的新的有序结构。

我们一旦清楚了“熵”和“序参量”的含义，并对人的本性有了基本的认识之后，就会很自然地把“恨”与“爱”看作人类社会的“熵”与“序参量”。

人类社会在宏观上是典型的自组织系统。这个自组织系统最高的目标就是和谐。在人类面临诸多混乱与危机时，社会的和谐显得尤为重要。真正和谐的社会是建立在“爱”的基础之上的：夫妻、亲子、家人、亲友……之间的爱，以及社会成员对职场、社区、家乡、民族、国家……的爱。爱的多少决定了社会的和谐程度。因此，我们说爱是人类社会和谐的序参量。

熵是系统混乱无序的量度。人类社会的混乱无序莫过于其子系统间的对抗、纷争所引发的暴力冲突或战争。在这个过程中，子系统间（如人与人、民族与民族等）的“恨”决定着社会混乱无序的程度：当今世界最混乱无序的区域，就是“恨”最多、最深的区域；随着以剥夺对方的需要为目的的欲望——恨的增加，暴力冲突或战争最终将达到白热化的程度。因此，我们说恨是人类社会混乱无序的熵。

发明原子弹的哪个时刻即意味着，如果我们不能有效抑制

“恨”这一熵的增加，自我毁灭将是人类必然的结局。

此外，还需要指出的是，爱与恨也是我们内心世界的序参量和熵。一个博爱的人，其内心世界是平和、愉悦的；而随着恨的加深，一个人内心将失去平衡而陷入痛苦的深渊。爱和恨与人的幸福和痛苦成正比：恨愈深，痛苦愈深；爱愈多，幸福愈多。

极乐的心灵是一个没有恨而只有爱的心灵！

极乐的世界是一个没有恨而只有爱的世界！

好了，笔者已经把“玉”连同其有待完善的“验证报告”全部献出。期待阅读本书的您，能够帮助笔者完成此“玉”的最终验证！